□ 中国高等职业技术教育研究会推荐

高职高专系列规划教材

电子技术基础——模拟电子技术
(第 二 版)

主 编 郝 波

副主编 秦 宏 李 川

西安电子科技大学出版社

内 容 简 介

　　本书是根据高职高专"电子技术基础"课程教学基本要求，在总结第一版使用情况的基础上修订而成的。全书充分考虑高等职业教育的特点与要求，将电子技术基础这门课程在结构与内容上都做了实用性处理，使其更通俗易懂、好学实用。

　　本书为《电子技术基础——模拟电子技术》分册，全书共8章，内容为：基本半导体分立器件、基本放大电路、集成运算放大器、放大电路中的负反馈、信号的运算与处理电路、功率放大电路、信号产生电路、直流稳压电源。书中每节后配有思考题，每章配有小结、习题及技能实训。

　　本书可作为高职高专院校电子类、电力类、电气类、机电类等专业的教材或教学参考书，也可供相关工程技术人员参考。

图书在版编目（CIP）数据

电子技术基础：模拟电子技术/郝波主编. —2版.
—西安：西安电子科技大学出版社，2010.12(2020.1重印)

高职高专系列规划教材
ISBN 978-7-5606-2493-8

Ⅰ.① 电…　Ⅱ.① 郝…　Ⅲ.①电子技术—高等学校：技术学校—教材
② 模拟电路—电子技术—高等学校：技术学校—教材　Ⅳ.① TN

中国版本图书馆 CIP 数据核字(2010)第 207403 号

责任编辑　杨宗周　马武装　万晶晶
出版发行　西安电子科技大学出版社(西安市太白南路2号)
电　　话　(029)88242885　88201467　　邮　编　710071
网　　址　www. xduph. com　　电子邮箱　xdupfxb@pub. xaonline. com
经　　销　新华书店
印刷单位　咸阳华盛印务有限责任公司
版　　次　2010 年 12 月第 2 版　2020 年 1 月第 6 次印刷
开　　本　787 毫米×1092 毫米　1/16　印张　12.75
字　　数　294 千字
印　　数　21 001～23 000 册
定　　价　27.00 元
ISBN 978-7-5606-2493-8/TN

XDUP 2785002-6

第二版前言

本书自 2004 年出版以来，已经历了六年多的时间。这期间电子技术飞速发展，而以培养工程应用型技术人才的高等职业教育教学改革也在不断深入。为了适应新形势下高职高专电子技术基础教学的需要，在充分考虑高等职业教育"电子技术基础"课程教学的要求，总结第一版使用情况的基础上，对原书进行了修改、增删。具体完成的工作如下：

(1) 将集成运放的内部单元电路合并为一节，大幅度减少了集成运放内部原理的分析和计算，将第 3 章的 7 节合并为 5 节。

(2) 加强了"虚短"、"虚断"的概念，并注意合理用于集成运放电路的分析中。

(3) 在保证基本理论完整性的前提下，简化了器件的内部原理及放大电路部分复杂的分析、推导。重点强调基本器件的外部特点与应用、放大电路的基本原理、基本性能。精简了深度负反馈下放大电路的计算与分析部分。

(4) 删减了放大电路中的一些难于理解的性能指标分析和图解分析方法，删除了第 7 章中的"电压比较器"小节和"集成函数发生器 8038 简介"一节。删除了直流电源中"可控硅整流电路"一节，精简了例题与习题。

本书从内容、体系、章节、语言等方面全方位进行了精简，使全书简单又不失全貌，具有较强的逻辑性。力争全书做到好学、易懂、趣味、实用，使之更加适应高职高专学生的学习特点。

参加本书编写的人员仍然是第一版编者，其中秦宏编写了第 1、2、3、4、7 章。李川编写了第 8 章。郝波编写了第 5、6 章。郝波为主编，负责全书的组织工作。秦宏、李川为副主编。

本书自出版以来，得到了很多兄弟院校师生的支持，本次修订也再次得到马武装编辑的帮助，编者在此深表感谢。

本书较第一版内容虽有改进，但距离实际需求还具有很大差距，恳请读者提出宝贵意见。

编 者
2010 年 10 月

第一版前言

为了适应新世纪高职高专教育的需要，根据中国高等职业技术教育研究会，电类专业系列高职高专教材编审专家委员会的要求，我们编写了这套《电子技术基础》高职高专教材。

电子技术基础课程是传统的电类基础课，主要内容有电子技术的基本原理、基本器件、基本电路及基本分析方法等电子技术基础问题。随着现代电子技术的飞速发展，新器件、新技术不断更新，给电子技术基础课程带来了新的内涵。而高职高专教育是以应用为本，注重培养学生的综合素质，这就对本门课程提出了更新的要求。如何既保证掌握基本理论，又注重培养实际能力；既反映现代电子技术的新技术、新成果，又保证传统知识的系统性，本套教材在结构及内容安排上都作了积极的尝试。

本套教材根据模拟电子技术和数字电子技术的内容分为两册。模拟电子技术部分主要内容有基本半导体器件、集成半导体器件和由它们构成的电压放大电路、功率放大电路、反馈放大电路、信号产生电路和电源电路。数字电子技术部分主要内容有数字电路基础、集成逻辑门和触发器、组合逻辑和时序逻辑电路、半导体存储器与可编程逻辑器件、数模和模数转换器、脉冲信号的产生与整形电路。

在内容的安排上，本套教材以各种分立及集成电子器件为基础，以模拟及数字基本电路、基本分析方法为重点，以集成电路的应用为目的，减少了繁琐的理论推导及集成电路内部的一些复杂原理电路分析等内容，而是更加注重集成电路的实用性。书中对所讨论的集成电路，都从其实际使用的角度，给出了外特性，外引线图及使用方法。

在结构上，本套教材各章配有小结及习题，除个别章节外，还安排有技能实训内容，主要目的是配合理论学习，进行实际操作和综合能力方面的训练。具体使用方法是：在学习完一章的相关内容后，教师指导学生根据章后技能实训要求完成其实训内容，有条件的最好根据所给器件及电路进行实训实测。这样，配合试验、课程设计和实习等教学环节可更好地培养学生掌握本门课程的实际应用能力。另外，本书每个小节后都给出了一定的思考题，以帮助学生掌握其学习重点。书中标记"﹡"的章节，可根据实际情况取舍。

本套书为高职高专电类专业电子技术基础课程教材，也可供其他专业及相关工程技术人员参考。

本书为《模拟电子技术》分册，共分8章。

本书由郝波主编。第6章由郝波编写并由其统稿全书；第1、2、3、4、7章由秦宏编写；第5、8章由李川编写。西安电子科技大学出版社马武装、杨宗周两位编辑对本书的出版给予了大力支持和帮助，在此一并表示诚挚的感谢。

由于编者水平有限，书中难免出现不妥和错误之处，敬请读者批评指正。

编　者

2004 年 3 月

目 录

第1章 基本半导体分立器件

半导体器件是构成电子电路的基础。半导体器件和电阻、电容、电感等器件连接起来可以组成各种电子电路。在电子电路中完成某种功能的单个半导体器件称为分立器件。

半导体器件从 20 世纪中期开始发展，具有体积小、重量轻、寿命长、可靠性高、输入功率小和功率转换效率高等优点，在现代电子技术中广泛应用。

本章首先介绍半导体的基本知识，然后介绍基本的半导体器件——半导体二极管、三极管和场效应管的基本结构、工作原理、参数以及它们的简单应用，为以后电子技术的学习打下基础。

1.1 半导体的基本知识与 PN 结

1.1.1 半导体的基本特性

自然界中物质的导电性能各不相同，除导体和绝缘体外，还有一类导电能力处于导体和绝缘体之间（电阻率约为 $10^{-1} \sim 10^{11}\ \Omega \cdot \mathrm{m}$）的物质，称为半导体，如硅（Si）、锗（Ge）、砷化镓（GaAs）等。

半导体的导电特性具有不同于其他物质的热敏性、光敏性与杂敏性。也就是说，半导体的导电能力随温度升高、光照增强和掺入杂质元素的增加而显著增大。例如：纯净锗在温度每增加 10℃ 时，电阻率就几乎减小为原来的一半；一种硫化镉薄膜，在暗处其电阻为几十兆欧，受光照后，其电阻值可下降为原来的百分之一；在纯净的半导体硅中掺入亿分之一的硼，电阻率会降到原来的几万分之一。

利用半导体的这些特性就可以制造出性能不同、用途各异的半导体器件。半导体导电性能的特殊性在于其特殊的原子结构。

1.1.2 本征半导体

在现代电子学中，最常用的半导体材料是硅（Si）和锗（Ge），其原子的外层电子数分别为 14、32，均为具有四个最外层价电子的四价元素，其原子结构如图 1-1 所示。

实际应用中，必须将原子排列杂乱无章的半导体提炼成原子排列规律的单晶体结构，如图 1-2 所示。硅和锗等半导体都是晶体，所以半导体管又称为晶体管。通常把纯净的不含任何杂质的半导体称为本征半导体。

图 1-1 硅和锗的原子结构简化模型

从图 1-2(b) 的平面示意图可以看出，硅或锗原子间以共价键结合，每个原子的最外层都形成八个价电子的稳定结构。所以，半导体的价电子既不像导体那样容易挣脱成为自由电子，也不像在绝缘体中被束缚得那样紧。因为导电能力的强弱，在微观上看就是单位体积中能自由移动的带电粒子数目的多少，因此，半导体的导电能力介于导体和绝缘体之间。

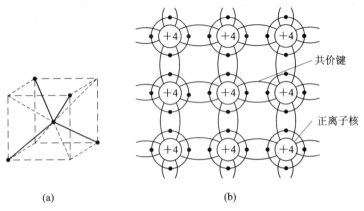

图 1-2　本征硅（或锗）的晶体结构

（a）结构图；（b）平面示意图与共价键

1. 本征激发与复合

实际上，本征硅或锗中的某些价电子可以从热运动中获得足够的能量，挣脱共价键成为带单位负电荷的自由电子。同时，在对应的位置上留下一个相当于带有单位正电荷的空穴，这种现象叫做本征激发，如图 1-3 所示。自由电子和空穴重新相遇结合而消失，叫做复合。本征激发和复合是同时进行的，温度一定的情况下，本征激发和复合是动态平衡的，在整块半导体内，自由电子和空穴的数目相等且保持一定。

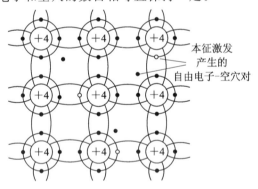

图 1-3　本征激发产生自由电子-空穴对

温度越高，本征激发越激烈，自由电子和空穴的数目也就越多，当半导体重新达到动态平衡时的自由电子和空穴的浓度就越高，半导体的导电能力就越强。这就是半导体材料具有热敏性的本质原因。

光敏性与热敏性类似，都是由于外界能量的输入导致本征激发变得激烈的结果。

2. 自由电子运动与空穴运动

由于空穴相当于带一个单位正电荷，邻近的价电子很容易跳过来填补这个空位，如图 1-4 所示。价电子由 B 到 A 的运动，相当于空穴从 A 移动到 B。所以，空穴运动的实质是价电子的运动，就像一个带正电的空穴在价电子移动的相反方向上运动一样。因此，把空穴看成与自由电子一样可以运动的粒子，并且带单位正电荷。这两种粒子都称为载流子。

在图 1-5 所示外加电场作用下，自由电子逆电场方向移动形成电子电流，空穴顺电场方向移动形成空穴电流，总电流 I 是空穴电流和电子电流之和。

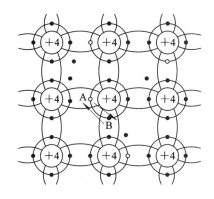

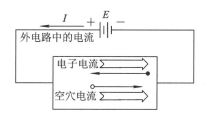

图 1-4　空穴运动　　　　　　　图 1-5　本征半导体中载流子的导电方式

同时有两种载流子参与导电是半导体所独有的。虽然金属导体中只有自由电子一种载流子，但其浓度远远高于本征半导体中自由电子与空穴浓度之和，所以金属导体的导电能力远远高于半导体。

1.1.3　杂质半导体

根据掺入杂质不同，掺杂后形成的杂质半导体可分为 N 型半导体和 P 型半导体两类。

1. N 型半导体

掺入微量五价元素磷后的半导体结构如图 1-6 所示，称为 N 型半导体。

作为杂质掺入的每个磷原子仅用四个价电子构成共价键，尚余一个价电子只能以自由电子的形式存在。同时，磷原子由于失去一个价电子而成为带正电的离子。因此，每掺入一个五价杂质原子，就相当于掺入一个自由电子，掺入杂质的浓度越高，提供的自由电子浓度就越高。

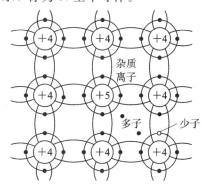

在本征硅中掺入亿分之一的五价元素，则每立方厘米掺入的自由电子数约为 10^{14} 个，远远高于原有的每立方厘米 10^{10} 个的本征载流子浓度。所以，掺杂后半导体中的自由电子数大大增多，半导体的导电能力因此增强。但整块半导体并没有额外获得电荷，仍然呈电中性。

图 1-6　N 型半导体

N 型半导体中的自由电子数约等于掺杂浓度，远远大于空穴数，所以称自由电子为多数载流子，简称多子；本征激发产生的空穴为少数载流子，简称少子。外加电场时，流过 N 型半导体的电流主要是多子自由电子形成的多子电流。

2. P 型半导体

掺入微量三价元素硼后的半导体称为 P 型半导体，如图 1-7 所示。

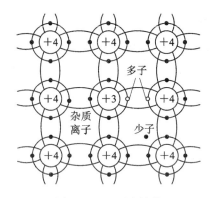

图 1-7 P 型半导体

与 N 型半导体相反，硼原子的最外层只有三个价电子，掺入一个硼原子就相当于掺入一个能接受电子的空穴，P 型半导体中的空穴浓度约等于掺杂浓度，远远大于自由电子浓度，空穴为多子、自由电子为少子。外加电场时，流过 P 型半导体的电流主要是多子空穴电流。

总之，半导体的导电能力随掺入的杂质、温度、光照的不同而显著变化；半导体有本征半导体和杂质半导体；半导体中有两种载流子：自由电子和空穴；本征半导体中两种载流子浓度相同，杂质半导体中两种载流子浓度不同；杂质半导体有 N 型和 P 型之分；在 N 型半导体中，自由电子是多子，空穴是少子；在 P 型半导体中，空穴是多子，自由电子是少子；本征半导体和杂质半导体都是电中性的。

1.1.4 PN 结与单向导电性

用某种工艺在本征半导体上形成 N 型和 P 型区域后，在其交界处形成的厚度约为几微米的特殊薄层，就是 PN 结，如图 1-8(a)所示。PN 结是构成半导体器件的基础，几乎所有半导体器件都是由不同数量和结构的 PN 结构成的。

为什么说 PN 结"特殊"呢？因为 PN 结具有特殊的单向导电性。

所谓单向导电性是指将 PN 结按不同方向接入电路时，PN 结将呈现完全不同的导电特点，我们熟悉的电阻等元件都不具备这样的性质。

将 PN 结的 P 区接高电位、N 区接较低电位，称为加正向偏置电压，简称正偏；反之，称为反偏，如图 1-8(b)、(c)所示。

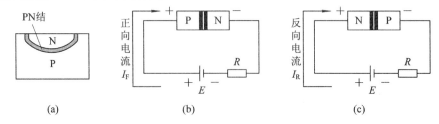

图 1-8 PN 结与单向导电性
(a) PN 结的示意图；(b) PN 结正偏导通；(c) PN 结反偏截止

1. PN 结正偏导通

PN 结正偏时的外电场方向帮助半导体中的多子进行定向运动，使多子形成较大的正向电流，意味着正偏 PN 结呈现极小的电阻（理想状态下可以看成是短路情况），称 PN 结处于正偏导通状态；正向电流 I_F 随外加正偏电压的增大而呈指数上升。为防止正向电流过大损坏 PN 结，回路中应串接限流电阻 R。

2. PN 结反偏截止

相反，PN 结反偏时的外电场方向仅有利于半导体中的少子做定向运动，从而形成极小的反向少子电流，常温下锗管电流为微安数量级，硅管电流仅有纳安数量级。这说明反偏 PN 结呈现出很大的电阻（几百千欧以上，理想情况下几乎可以看做是开路），称 PN 结处于反偏截止状态。反向电流 I_R 几乎不随反偏电压的增加而增大，而受温度的影响较大。实践证明，温度每增加 10℃，反向电流几乎增加到原来的 2 倍。

综上所述，PN 结具有单向导电性：正偏导通，正向电阻很小；反偏截止，反向电阻很大。

思考题

1. 半导体有什么特性？这些特性有什么应用？

2. 解释下列几组名词的意义，指出它们的特点和区别。

(1) 自由电子、价电子、空穴；

(2) 电子导电、空穴导电；金属导电，半导体导电；本征半导体导电，杂质半导体导电；

(3) N 型半导体、P 型半导体。

3. P 型半导体中的多子是什么？P 型半导体带正电吗？N 型半导体中的多子是什么？N 型半导体带负电吗？

4. 掺杂半导体中的少子浓度_____（小于、大于、等于）本征半导体载流子浓度。为什么？

5. 在室温附近，温度升高，掺杂半导体中的_____（多子、少子、载流子）浓度明显增加。

6. PN 结的正向电流主要与什么因素有关？反向电流主要与什么因素有关？

1.2　半导体二极管

1.2.1　二极管的结构与类型

半导体二极管是将一个 PN 结装入管壳密封并分别从 P 区和 N 区引出电极而成的，因此二极管的特性就是 PN 结的特性，也就是说，二极管具有单向导电性。

图 1-9 为二极管的电路符号，二极管的两极分别叫做正极或阳极 a(P 区)，负极或阴极 k(N 区)。

阳极a ○——▷|——○ 阴极k

图 1-9　半导体二极管的电路符号

不同结构、种类的二极管内 PN 结的面积不同，比如结面积很小的点接触型锗二极管 2AP1，最大整流电流为 16 mA，最高工作频率为 150 MHz，不能承受较高的反向电压和大电流，但适用于高频的检波、调制电路及脉冲数字电路里的开关元件，也可用做小电流整流。

结面积较大的面接触型二极管能通过较大的正向电流，适用于低频电路。如 2CZ54 为整流二极管，最大整流电流为 500 mA，最高工作频率为 3 kHz。

按照适用范围，可以将二极管分为用于检波、限幅和小电流整流的普通二极管、将交流电变换成直流电的整流二极管以及用于计算机、脉冲控制和开关电路中的开关二极管等类型。二极管的型号命名方法参见附录 A。

常见二极管的外形如图 1-10 所示。

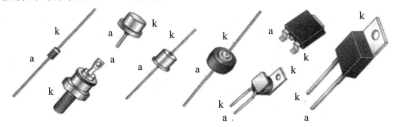

图 1-10　半导体二极管的常见外形

1.2.2　二极管的伏安特性曲线与近似模型

1. 伏安特性曲线

二极管的伏安特性就是 PN 结的伏安特性。将二极管的电流随外加偏置电压的变化在坐标系上描绘出来就是伏安特性曲线，如图 1-11 所示。

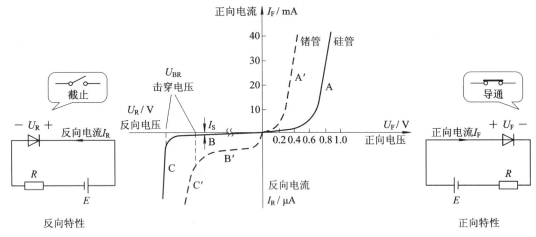

图 1-11　二极管的伏安特性

1）正向特性——外加正偏电压 U_F

当 U_F 开始增加到一定数值后（锗管约为 0.1 V，硅管约为 0.5 V，这个电压叫做死区电压），开始产生正向电流 I_F，并随 U_F 的增加以指数规律急剧上升，如图 1-11 中的 A 段所示。

从二极管的正向特性还可以看出：当二极管的正向电流在很大范围内变化时，二极管两端的电压几乎不变。一般小功率硅管约为 0.7 V，锗管约为 0.3 V，这个数值可以作为正向工作时小功率二极管两端直流压降的估算值，简称正向压降或正向导通电压。

2）反向特性——外加反偏电压 U_R

当反偏电压 U_R 在一定范围内增大时，反向电流 I_R 几乎不变，所以又称为反向饱和电流 I_S。但温度每升高 $10℃$，I_S 将增加一倍，使二极管的单向导电性变坏。硅管的反向饱和电流较小，比锗管稳定，适用于温度变化较大的场合。室温下，一般硅管的反向饱和电流小于 $1\,\mu A$，锗管为几十到几百微安，如图 1－11 中的 B 段所示。

3）击穿特性——外加反偏电压增大到一定程度

击穿特性属于反向特性的特殊部分。当 U_R 继续增大并超过某一特定电压值时，反向电流将急剧增大，这种现象称之为击穿，发生击穿时的 U_R 叫做击穿电压 U_{BR}，如图 1－11 中的 C 段所示。

若击穿时的反向电流过大（比如没有串接限流电阻等原因），PN 结可能因过热而损坏。

2. 二极管的等效模型

由于二极管反偏时反向电阻极大，一般模型中都认为反偏二极管是理想开路的，正偏二极管可根据不同情况建立不同的模型。

1）理想模型

将二极管的单向导电性理想化——忽略其正向导通电压和较小的正向电阻，认为正偏二极管的管压降为 0，相当于短路导线，则其伏安特性如图 1－12 所示。一般在电源电压远大于[①]二极管的正向导通压降时，利用理想模型来分析不会产生较大的误差。

2）恒压降模型

恒压降模型的伏安特性如图 1－13 所示，认为正偏导通的二极管除电阻为 0 外，二极管有一个恒定的管压降，对于硅管和锗管来说，分别取 0.7 V 和 0.3 V 的典型值。恒压降模型比理想模型更接近实际，应用较广，一般在二极管电流大于 1 mA 时，恒压降模型的近似精度是相当高的。

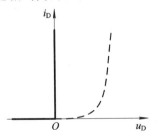

图 1－12　采用理想模型的二极管伏安特性　　　图 1－13　采用恒压降模型的二极管伏安特性

除以上模型外，还有更精确但也相对复杂的折线模型等，一般情况下，采用理想模型或恒压降模型即可满足精度要求。

1.2.3　二极管的主要参数

为了正确选用及判断二极管的好坏，必须对其主要参数有所了解。

---

① 一般,同一量纲的两个物理量 A 和 B 之间,若满足 $A>(5\sim10)B$,则可以认为 A 远大于 B,记为 $A\gg B$。

1. 最大整流电流 I_F

最大整流电流指二极管在一定温度下，长期允许通过的最大正向平均电流。

2. 反向击穿电压 U_{BR}

二极管反向击穿时的电压值称为反向击穿电压 U_{BR}。一般手册上给出的最高反向工作电压 U_{RM} 约为反向击穿电压的一半，以保证二极管正常工作。

3. 反向电流 I_R（反向饱和电流 I_S）

反向电流指在室温和规定的反向工作电压下（管子未击穿时）的反向电流。这个值越小，管子的单向导电性越好。温度每升高 10℃，反向饱和电流 I_S 将增加一倍。

1.2.4 特殊二极管

1. 稳压二极管

稳压二极管简称稳压管，又叫齐纳（Zener）二极管，是用特殊工艺制造的硅半导体二极管，其外形、结构、伏安特性均与普通二极管相似，也具有单向导电性。其特点是击穿区特性陡直且可以稳定地工作于击穿区而不损坏，其电路符号如图 1-14 所示。

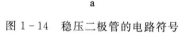

稳压管的稳压作用在于：在反向击穿区内，反向电流有很大变化，而稳压管两端的电压几乎保持不变。因此，稳压管稳压工作时应工作在反向击穿区。稳压管的

图 1-14　稳压二极管的电路符号

反向击穿电压称为稳压管的稳定电压 U_Z，反向击穿曲线越陡，稳压效果越好。

2. 发光二极管与光电二极管

发光二极管和光电二极管都属于光电子器件，光电子器件在电子系统中有十分广泛的应用，具有抗干扰能力强、损耗小等优点。

1）发光二极管

发光二极管属于光电转换器件的一种，是可以将电能直接转换成光能的半导体光电器件，简称 LED(Light Emitting Diode，LED)，其电路符号如图 1-15 所示。

发光二极管也具有单向导电性：当外加反偏电压时，二极管截止，不发光；当外加正偏电压导通时，因流过正向电流而发光。发光颜色与发光二极管的材料和掺杂元素有关。发光二极管可分为发不可见光和发可见光两种。前者有发红外光的砷化镓发光二极管等，后者有发红光、黄光、绿光以及蓝光和紫光的发光二极管等。

图 1-15　发光二极管的电路符号

发光二极管的工作电流一般约为几至几十毫安，正偏电压比普通二极管要高，约为 1.5～3 V，具有功耗小、体积小、可直接与集成电路连接使用的特点，并且稳定、可靠、长寿(10^5～10^6 小时)，光输出响应速度快(1～100 MHz)，应用广泛。发光二极管除应用于信号灯指示(仪器仪表、家电等)、数字和字符指示(接成七段显示数码管)等发光显示方面以外，另一种重要应用是将电信号转变为光信号，通过光缆传输，接收端配合光电转换器件

再现电信号，实现光电耦合、光纤通信等。

2）光电二极管

光电二极管也叫光敏二极管，它的结构和一般二极管相似，也具有单向导电性。光电二极管的 PN 结被封装在透明玻璃外壳中，其 PN 结装在管子的顶部，可以直接受到光的照射。光电二极管的电路符号如图 1-16 所示。

正偏时光电二极管的光敏特性不明显，所以，光电二极管在电路中一般处于反向偏置状态。无光照射时，反向电阻很大、反向电流极小，处于截止状态；当光照射在 PN 结上时有光电流产生，PN 结导通。光的照度越大，光照产生的光电流就越大。

图 1-16　光电二极管的电路符号

光电二极管可以用来做测光元件，也可以作为将光信号转换成电信号的传感器，还经常和发光二极管一起组成光电耦合器件。

1.2.5　二极管在电子技术中的应用

在电子技术中，二极管广泛应用于整流、限幅、钳位、开关、稳压、检波等方面，大多是利用其正偏导通、反偏截止的特点。

1. 整流应用

利用二极管的单向导电性可以把大小和方向都变化的正弦交流电变为单向脉动的直流电，如图 1-17 所示。这种方法简单、经济，在日常生活及电子电路中经常采用。根据这个原理，还可以构成整流效果更好的单相全波、单相桥式等整流电路。

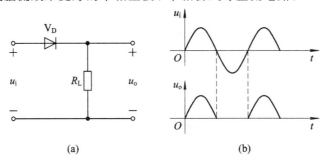

图 1-17　二极管的整流应用
（a）二极管整流电路；（b）输入与输出波形

2. 限幅应用

利用二极管的单向导电性，将输入电压限定在要求的范围之内，叫做限幅。

图 1-18(a)所示的双向限幅电路中，交流输入电压 u_i 和直流电源电压 E_1 都对二极管 V_{D1} 起作用；相应的 V_{D2} 也同时受 u_i 和 E_2 的控制。假设 V_{D1}、V_{D2} 为理想二极管时，有如下限幅过程发生：当输入电压 $u_i > 3$ V 时，V_{D1} 导通、V_{D2} 截止，$u_o = 3$ V；当 $u_i < -3$ V 时，V_{D2} 导通、V_{D1} 截止，$u_o = -3$ V；当 u_i 在 -3 V 与 $+3$ V 之间时，V_{D1} 和 V_{D2} 均截止，因此 $u_o = u_i$，输出波形如图 1-18(b)所示。利用这个简单的限幅电路可以把输入电压 u_i 的幅度限制在 ± 3 V 之间。把电路稍加变化，还可以得到各种不同的限幅应用。图 1-17 也可以理解为限幅电路的一种。

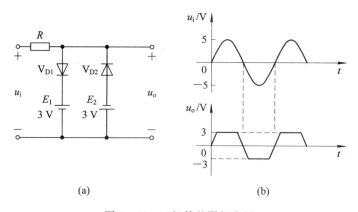

图 1-18　二极管的限幅应用

（a）双向限幅电路；（b）输入与输出波形

3. 稳压应用

除用不同系列的稳压二极管实现要求的稳定电压输出以外，在需要较低的稳定电压时，可以利用几个二极管的正向压降串联来实现。

4. 开关应用

由于二极管具有单向导电性，可以相当于一个受外加偏置电压控制的无触点开关，因此常将半导体二极管作为开关元件来使用。

5. 光电转换与隔离

发光二极管与光电二极管的一种重要应用是将电信号转变为光信号，通过光缆传输，接收端配合光电转换器件再现电信号，实现光电转换、隔离、光纤通信等。图 1-19 是常见的利用光信号来远距离传输电信号的原理示意图，具有传输损耗小的特点。目前的长途电话、手机等远途通信都是采用这种类似的方式来完成的。

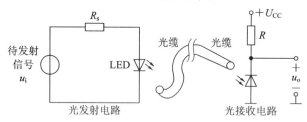

图 1-19　远距离光电传输的原理

6. 二极管的识别与简单测试

从图 1-10 中可以看出，有的二极管从外壳的形状上可以区分其电极，还有的二极管用色环或色点来标志，比如靠近色环的一端是负极，有色点的一端是正极，如图 1-20 所示。若标志脱落，可用万用表测其正反向电阻值来确定二极管的电极。另外，数字万用表一般都有专门用来测量二极管的"▷|"挡——当二极管被正偏时，显示屏上将显示二极管的正向导通压降，从图 1-20 中万用表显示的数据可以看出该管为正偏时的硅管。

二极管正、反向电阻的测量值相差愈大愈好，一般来说，硅二极管的正向电阻在几百到几千欧之间，锗管小于 1 kΩ。因此，如果被测二极管的正向电阻较小，基本上可以认为是锗管。从数字万用表的"▷|"挡，也可以方便地知道二极管的材料。

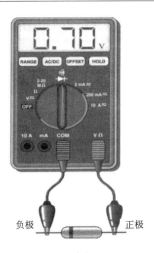

图 1 - 20　利用"⟶⊢"挡测量二极管

思考题

1. 硅二极管和锗二极管在伏安特性上有何异同?

2. 硅二极管和锗二极管的反向饱和电流、死区电压、正向压降各在什么数值范围?

3. 在用万用表测试二极管的正向电阻时,用不同挡位测出的正向电阻值不同,用 R×100 挡测出的阻值较小、R×1k 挡测出的电阻值较大,为什么?

4. 二极管的理想模型适用于什么情况? 为什么说只有在二极管的正向电流大于 1 mA 时,才可以使用恒压降模型?

5. 温度对二极管的正向特性、反向特性和反向击穿特性各有什么影响?

6. 普通二极管和稳压二极管在伏安特性上有何异同?

7. 特殊二极管不具有单向导电性,这句话对吗?

1.3　半导体三极管

通过一定的工艺,将两个 PN 结结合在一起可以构成半导体三极管。由于两个 PN 结的相互影响,使半导体三极管呈现出不同于单个 PN 结的电流放大作用。

1.3.1　三极管的结构与类型

半导体三极管又叫晶体三极管,由于工作时半导体中的自由电子和空穴两种载流子都起作用,因此属于双极型器件,也叫做双极结型晶体管(Bipolar Junction Transistor, BJT)。

半导体三极管的种类很多,按照半导体材料的不同分为硅管、锗管;按功率分有小功率管、中功率管和大功率管;按结构的不同分 NPN 型管和 PNP 型管。图 1 - 21 给出了 NPN 和 PNP 管的结构示意图和电路符号,符号中的箭头方向是三极管的实际电流方向。

由图可见,三极管有三个区——发射区、基区和集电区,分别引出的电极称为发射极 e、基极 b 和集电极 c。两个 PN 结分别叫做发射结和集电结。图 1 - 21 只是三极管结构的示意图,三极管的实际结构并不对称,具有发射区掺杂浓度高、基区很薄且低掺杂、集电结面积大等特点,所以三极管的发射极和集电极不能对调使用。

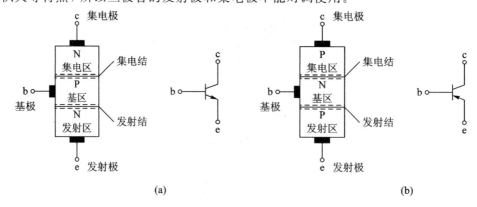

图 1 - 21　三极管的结构与电路符号

（a）NPN 型三极管；（b）PNP 型三极管

图 1 - 22 所示为几种常见的三极管外形图,三极管的型号命名方法参见附录 A。

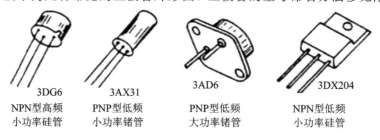

3DG6	3AX31	3AD6	3DX204
NPN型高频	PNP型低频	PNP型低频	NPN型低频
小功率硅管	小功率锗管	大功率锗管	小功率硅管

图 1 - 22　常见三极管的外形

1.3.2　三极管的基本工作原理

由于 NPN 管和 PNP 管的结构对称,工作原理完全相同,下面的分析仅以 NPN 管为例。需要注意的是,不管电路形式如何变化,也不论是 NPN 管还是 PNP 管,若使三极管具有电流控制作用,就必须满足发射结正偏、集电结反偏的外部偏置条件。

1. 三极管的电流分配关系

为简单地说明三极管各电极电流间的关系,利用图 1 - 23 的实验电路来定量说明。图 1 - 23 中的电源 U_{BB} 使发射结正偏,因此基极电位约为 0.7 V 或 0.3 V,即电源 U_{CC} 可以使集电结反偏。

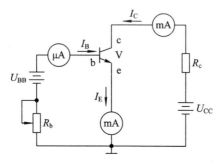

图 1 - 23　三极管电流关系实验电路

通过改变电阻 R_b，测得相应的基极电流 I_B、集电极电流 I_C 和发射极电流 I_E 的数据如表 1-1 中所示。

表 1-1　三极管各电极电流的实验数据

$I_B/\mu A$	0	20	30	40	50	60
I_C/mA	$0.002 \approx 0$	1.1	1.74	2.4	3.02	3.6
I_E/mA	$0.002 \approx 0$	1.12	1.77	2.44	3.07	3.66
I_C/I_B		55	58	60	60.4	60

分析表中数据的规律可以得出以下结论：

(1) $I_E = I_B + I_C$，对于 NPN 管来说，I_B 和 I_C 流入三极管、I_E 流出三极管；

(2) $I_C \approx I_E$；

(3) 虽然 I_B 的值较小，但 I_C 受 I_B 控制，$\dfrac{I_C}{I_B}$ 的比例基本固定。

实际上，管子制成后，$\dfrac{I_C}{I_B}$ 的比例基本上为定值。定义 I_C 与 I_B 的比值为三极管的直流电流放大系数 $\bar{\beta}$，即

$$\bar{\beta} \approx \frac{I_C}{I_B} \tag{1-1}$$

即

$$I_C = \bar{\beta} I_B \tag{1-2}$$

从式(1-1)或式(1-2)可以看出，若将 I_B 作为输入电流、I_C 作为输出电流，则 $\bar{\beta}$ 越大，I_B 对 I_C 的控制作用越强，三极管的电流放大能力就越强。$\bar{\beta}$ 一般在几十到一二百之间。

由式(1-2)还可以得到

$$I_E = I_C + I_B = (1 + \bar{\beta}) I_B \tag{1-3}$$

式(1-2)、(1-3)就是关于三极管各电极间电流的分配关系，也适用于 PNP 管，只不过由于 PNP 管与 NPN 管的对称性，PNP 管的电流、电压方向均与 NPN 管相反。这几个公式十分重要，在讨论三极管及其放大电路时经常要用到。

2. 三极管的电流放大作用

图 1-24(a)所示电路包含三极管基极与发射极间的输入回路、集电极与发射极间的输出回路。由于发射极作为输入、输出回路的公共端，所以称为共发射极放大电路。其中，输出电流 I_C 是输入电流 I_B 的 $\bar{\beta}$ 倍，这是对直流电流的放大作用。

若在图 1-24(a)电路的输入回路中串入待放大的输入信号 ΔU_i，这样发射结的外加电压为 $U_{BB} + \Delta U_i$，如图(b)所示。外加电压的变化，使发射极电流产生 ΔI_E 及相应的 ΔI_C 和 ΔI_B。定义 ΔI_C 与 ΔI_B 的比值为晶体管的交流电流放大系数 β，即

$$\beta = \frac{\Delta I_C}{\Delta I_B} \tag{1-4}$$

例如，$\Delta I_B = 5~\mu A$，$\beta = 100$，则 $\Delta I_C = 0.5~mA$。β 表征了 ΔI_B 对 ΔI_C 的控制能力，β 越大，三极管的电流控制能力越强。因此说，三极管是一个具有较强电流放大作用的电流控

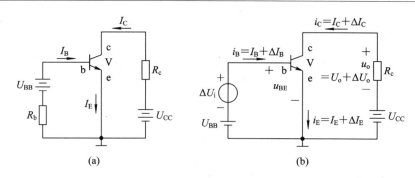

图 1-24 三极管的电流放大作用

（a）没加入交流信号时；（b）加入交流信号后的电流放大作用

制器件。在参数合适的情况下，ΔU_o 可以达到 ΔU_i 的几十倍以上，这样，我们就得到了被放大了的电压信号。必须注意的是：电子电路中所说的放大是指对变化的交流信号的放大，而不是直流。

1.3.3 三极管的特性曲线

三极管和二极管一样是非线性元件，所以其伏安特性曲线也是非线性的。

常用三极管伏安特性曲线有输入特性曲线和输出特性曲线，这些曲线和电路的接法有关，这里仍以最常用的 NPN 管构成的共发射极电路为例。

1. 输入特性曲线

输入特性曲线是指输出回路参数 u_{CE} 不变，输入回路中的 u_{BE} 与 i_B 间的关系曲线。某硅 NPN 三极管输入特性曲线如图 1-25(a)所示，从图上可以看出：

当 $u_{CE} \geq 1$ V 足以使集电结反偏后，I_B 和 I_C 间分配关系基本固定，特性曲线基本重合。

和二极管相似，三极管的输入特性曲线也存在死区：硅管约为 0.5 V，锗管约为 0.1 V。

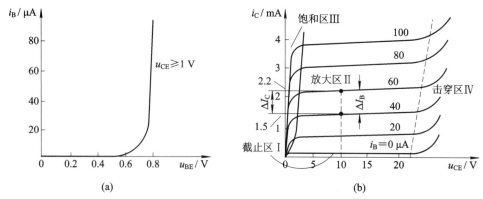

图 1-25 某硅三极管的输入、输出特性曲线

（a）输入特性曲线；（b）输出特性曲线

2. 输出特性曲线

在输入回路基极电流 i_B 一定时，输出回路中的管压降 u_{CE} 和集电极电流 i_C 间的关系曲线叫做输出特性曲线，某三极管共射极放大电路的输出特性曲线如图 1-25(b)所示。

以其中任一条为例,当 $u_{CE}>1$ V 以后,i_C 仅受 i_B 控制,基本与 u_{CE} 无关,即使 u_{CE} 增加,i_C 也不会有明显的增加。若改变基极电流 i_B 的值,就可以得到另外一条输出特性曲线。若 ΔI_B 为一常数,将得到一组平行等距的曲线族。

根据三极管的特点可以将输出特性曲线分为截止区 Ⅰ、放大区 Ⅱ 和饱和区 Ⅲ 三个区域,如图 1-25(b)所示。

1)截止区

将 $i_B=0$ 的输出特性曲线与横坐标轴之间的区域称为截止区。截止区的特点是发射结与集电结均反偏,各电极电流均近似为 0,三极管没有放大能力。

2)放大区

在放大区,发射结正偏、集电结反偏,输出特性曲线基本水平,即 i_C 几乎只与 i_B 有关,体现了 i_B 对 i_C 的控制。可以估算出图 1-25(b)中三极管的 β 约为

$$\frac{(2.2-1.5)\text{mA}}{(60-40)\mu\text{A}}=35$$

3)饱和区

从图 1-24 可以看出,i_C 随 i_B 而增大,管压降 u_{CE} 则由于 R_c 上压降的增大而下降。当出现 $u_{CE}<u_{BE}$ 时,集电结由反偏转而正偏,三极管由放大区进入两结都正偏的饱和区。饱和时的管压降用 U_{CES} 表示,小功率硅管的 U_{CES} 小于 0.4 V,锗管的饱和压降较小,仅为 0.1 V 左右,工程估算时均可近似为 0。因此,三极管进入饱和区后,i_B 再增加,u_{CE} 已近似为 0,i_C 不能再随之增大,三极管失去了 ΔI_B 对 ΔI_C 的控制能力——也就是放大能力。

饱和区和截止区都没有放大作用,但这两个区的特点截然不同。饱和区呈现集电极电流最大值,并且此时三极管各电极间的压降均很小,可以近似为 0。

必须注意,当 u_{CE} 增大到一定程度时,集电结因反偏电压过大而击穿,如图 1-25(b)中的 Ⅳ 区所示。

1.3.4　三极管的主要参数

1. 共发射极直流电流放大系数 $\bar{\beta}$ 和交流放大系数 β

$\bar{\beta}$ 和 β 的数值接近,可近似认为 $\bar{\beta}=\beta$,以后不再区分。β 小,电流放大作用小;β 太大,管子的性能往往不稳定。

2. 极间反向电流

由于三极管是由 PN 结构成的,所以和二极管类似,三极管内部也有类似的反向电流,比如:集电极-基极间的反向饱和电流 I_{CBO} 和集电极-发射极间反向的穿透电流 I_{CEO}。在考虑极间反向电流的情况下有:

$$I_C=\beta I_B+(1+\beta)I_{CBO}=\beta I_B+I_{CEO} \tag{1-5}$$

因此,在表 1-1 中,当 $I_B=0$ 时,I_C 并不为绝对的零值,而是表现为一个很小的数值,这就是 I_{CEO}。式(1-5)表明,I_{CEO} 虽然是集电极电流的一部分,但其大小不受 I_B 控制,对放大没有贡献,而且温度每升高 10℃ 就增大一倍,容易引起三极管工作的不稳定。

因为反向电流的值较小(室温下小功率硅管的 $I_{CBO}\leqslant 1$ μA,锗管约为 10 μA),一般可以忽略。

3. 极限参数

常用的极限参数有基极开路时集电极-发射极间反向击穿电压 $U_{(BR)CEO}$、集电极最大允许电流 I_{CM} 和集电极最大允许耗散功率 P_{CM}。

其中，$U_{(BR)CEO}$ 是各种情况下以及各电极间反向击穿电压的最小值，所以使用时只要注意三极管各电极间的电压不要超过 $U_{(BR)CEO}$ 就可以了。

4. 温度对三极管参数的影响

前述已知，三极管受温度影响较大的参数是 I_{CBO} 和 I_{CEO}。除此之外，β 随温度增加而增大，在三极管的输出特性曲线上表现为曲线间隔变大；发射结电压 U_{BE} 也具有约为 $-2.5\ \mathrm{mV/℃}$ 的温度系数，表现为输入特性曲线向左移动。

1.3.5 三极管在电子技术中的应用

半导体三极管是电子电路的核心元器件，应用广泛，可以组成运算放大电路、功率放大电路、振荡电路、反相器、数字逻辑电路等，这些应用可归纳为放大和开关两大类。

1. 放大应用

在模拟电子电路中，三极管主要工作于放大状态，就是利用三极管的电流控制作用把微弱的电信号增强到所要求的数值。利用三极管的电流放大作用，可以得到各种形式的放大电路。

2. 开关应用

数字电子电路中的三极管大多工作于截止或饱和状态，分别相当于断开和闭合的开关，而放大状态只是作为三极管饱和与截止间相互转换的过渡。

1）截止条件

为保证图 1-26(a) 中的三极管工作于截止区，必须有 $u_i \leqslant 0$，所以三极管的截止条件是

$$u_{BE} \leqslant 0 \tag{1-6}$$

截止区的三极管各电极电流近似为 0，各电极间看成是开路，相当于断开开关，如图 1-26(b) 所示，电路的输出电压约为电源电压 12 V。

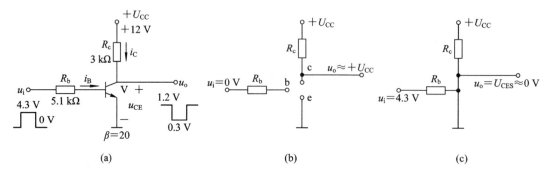

图 1-26 三极管的开关应用与等效电路

(a) 开关电路；(b) 截止时的等效电路；(c) 饱和时的等效电路

2）饱和条件

对于图 1-26(a)来说，u_i 越大，i_B 越大，u_{CE} 越小，管子就越向饱和方向发展。临界时的基极电流 $I_{BS} = \dfrac{U_{CC} - U_{CES}}{R_c \cdot \beta} \approx 0.2$ mA，即三极管的饱和条件为

$$i_B > I_{BS} \tag{1-7}$$

当输入电压为 4.3 V 时，$i_B = \dfrac{u_i - U_{BE}}{R_b} \approx 0.71$ mA，所以 $i_B > I_{BS}$，三极管饱和，输出电压约为饱和压降 0.3 V 或近似为 0。

工程上，饱和时各电极间压降和电源电压相比都可以忽略不计，三极管的三个电极间可以看成是一个短路的闭合开关，其等效电路如图 1-26(c)所示。

现将三极管截止、放大、饱和三种工作状态的特点列于表 1-2 中，以供比较。

表 1-2　三极管三种工作状态的比较

特点　　工作状态	偏　　置	条　件	各电极电流	等　效	应用
放大区	发射结正偏、集电结反偏	$i_B < I_{BS}$	$i_C = \beta i_B$	电流控制器件	放大
饱和区	两结均正偏	$i_B \geq I_{BS}$	$i_C = I_{CS}$	闭合开关	开关
截止区	两结均反偏	$u_{BE} \leq 0$	i_B、i_C、$i_E \approx 0$	断开开关	开关

3. 三极管的测试

三极管内部是两个 PN 结，也可以用万用表对三极管的电极、好坏作大致的判断。利用数字万用表"▷|"挡测量管内 PN 结的方法如图 1-27 所示。数字万用表还有专门用来测量三极管 β 值的插孔，测量时只需将挡位拨至测量三极管的位置，并将 NPN 管或 PNP 管的三个管脚插入对应的 e、b、c 插孔中，就可以读出 β 值的大小。

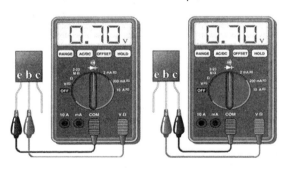

图 1-27　利用数字万用表测量三极管的 PN 结(图中为 NPN 硅管)

请思考：如果你有一块万用表，怎样用它来判断三极管的电极、材料呢？有几种方法？常见三极管的管脚排列位置见图 1-28 所示。

有些三极管的管壳顶部标有色点，用来表示管子 β 值的大概范围，其分挡标注如下：

$$0 \sim 15 \sim 25 \sim 40 \sim 55 \sim 80 \sim 120 \sim 180 \sim 270 \sim 400 \sim 600$$

棕　红　橙　黄　绿　蓝　紫　灰　白　黑

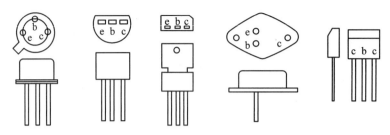

图 1-28　常见三极管的管脚排列

思考题

1. NPN 管和 PNP 管在结构上有什么异同？PNP 管在发射结正偏、集电结反偏的情况下，电源电压的极性如何？各电极电流方向如何？

2. 三极管是什么控制器件？如果把三极管比喻成一个受控源，用电压控制电压源、电压控制电流源、电流控制电流源、电流控制电压源中的哪一个来描述最为合适？

3. 在三极管的输出特性曲线中，放大区部分的曲线十分平坦，说明了什么？

4. "β 值越大，三极管的放大能力就越强，所以 β 值越大越好"这句话对吗？为什么？

5. 有人说三极管的放大区有放大作用，而饱和区和截止区没有放大作用，所以饱和区和截止区没有用处。这句话对吗？

1.4　场效应晶体管

诞生于 20 世纪 60 年代的场效应晶体管（Field Effect Transistor，FET）是利用输入回路的电场效应来控制输出回路电流的，因为输入电流几乎为 0，其输入电阻可达 $10^7 \sim 10^{12}$ Ω，所以具有高输入电阻的特点。同时，场效应管导电不需要少子参与，因此受温度和辐射的影响小且便于集成、耗电省，成为当今集成电路发展的重要方向。

根据结构的不同，场效应管可分为两大类：结型和绝缘栅型。由于绝缘栅型场效应晶体管应用更为广泛，本节仅介绍绝缘栅场效应管。

1.4.1　绝缘栅场效应管简介

绝缘栅场效应管简称 IGFET（Insulated Gate Field Effect Transistor），目前应用最广泛的是金属-氧化物-半导体（Metal-Oxide-Semiconductor）绝缘栅场效应管，简称 MOSFET 或 MOS 管。

1. MOS 场效应管的结构与工作原理

MOS 场效应管按其导电类型，可分为 N 沟道和 P 沟道两种。一种 MOS 管的结构如图 1-29（a）所示，它是在一块低掺杂浓度的 P 型半导体衬底上制作两个高掺杂的 N 型区（记为 N^+）并引出漏极 d 和源极 s 两个电极，再在硅片上覆盖一薄层二氧化硅（SiO_2）绝缘层，在此绝缘层上喷涂一层金属铝并引出另一个电极栅极 g 而构成的，衬底通常与源极接在一起使用。图中场效应管的栅极与源极、漏极均无电接触，故称绝缘栅场效应管，这就是绝缘栅场效应管输入电阻极大的原因。

图 1-29(a)所示场效应管的绝缘层中事先掺入了大量的正离子,其产生的电场足以将 P 型衬底表面的空穴向下排斥,同时将衬底中的电子向上吸引到衬底表面,形成一个连通两个 N⁺ 区的 N 型薄层,这就是漏源之间的导电沟道。若在栅源间外加正或负的控制电压还可以改变沟道宽度。由于这个沟道是 N 型的,因此将这个场效应管称为 N 沟道 MOS 管或 NMOS 管。

沟道产生后,在漏源间外加电压就会产生相应的漏极电流 i_D。若在栅源间叠加上要放大的微弱信号源电压,则沟道的宽窄就会随信号电压的大小而变化,i_D 也将随输入信号电压而变化,从而实现了用交流信号去控制漏极电流 i_D 的目的。这个过程体现了栅源电压 u_{GS} 对漏极电流 i_D 的控制作用,因此,场效应管被称为电压控制器件。

由于漏极电流的产生不需要少子参与,所以称场效应管为单极型器件。

若制造场效应管时未加入正离子或正离子较少,则必须靠外加电压的电场才能产生沟道,其结构如图 1-29(c)所示。因此,将不必外加电压就可以产生导电沟道的绝缘栅场效应管称为耗尽型管子,需要外加电压才能产生导电沟道的称为增强型管子。

图 1-29(b)、(d)分别为耗尽型 NMOS 管和增强型 NMOS 管的电路符号,符号中的断线表示增强型管子无外加偏置时不存在沟道的特点,符号中的箭头表示由 P(衬底)指向 N(沟道)的方向。

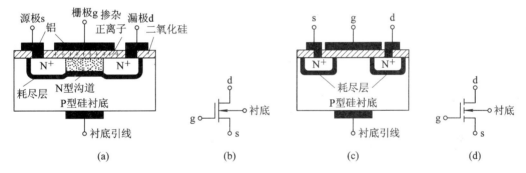

图 1-29　耗尽型 MOS 场效应管
(a) 耗尽型 NMOS 场效应管的结构;(b) 耗尽型 NMOS 管的电路符号;
(c) 增强型 NMOS 场效应管的结构;(d) 增强型 NMOS 管的电路符号

类似的,P 沟道 MOSFET 的结构与 NMOS 管完全对称,沟道为 P 型,电路符号如图 1-30(a)、(b)所示。

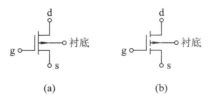

图 1-30　P 沟道 MOSFET 的电路符号
(a) 耗尽型 PMOSFET 的电路符号;(b) 增强型 PMOSFET 的电路符号

2. 伏安特性曲线

以增强型 NMOS 为例,其伏安特性曲线如图 1-31 所示。

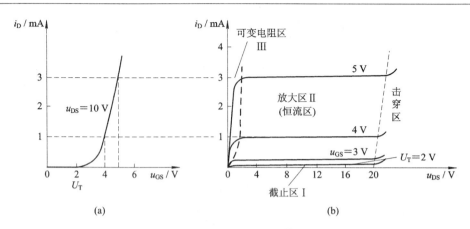

图 1 - 31 增强型 NMOSFET 的伏安特性曲线

（a）转移特性曲线；（b）输出特性曲线

1）转移特性曲线

由于场效应管的栅极绝缘，栅极电流近似为 0，所以没有必要讨论管子的输入特性曲线，而用描述漏极电流 i_D 与栅源电压 u_{GS} 关系的转移特性曲线来代替，图 1 - 31（a）所示为某增强型 NMOS 场效应管的转移特性曲线。当 $u_{GS} < U_T$ 时，$i_D = 0$；当 $u_{GS} > U_T$ 时，开始产生漏极电流，所以 U_T 被称为开启电压。类似地，耗尽型管子的这个电压被称为夹断电压 U_P。

2）漏极特性曲线

漏极特性曲线就是输出特性曲线，N 沟道增强型场效应管的典型漏极特性曲线如图 1 - 31（b）所示，当 $u_{GS} > U_T$ 时，才开始产生 i_D 电流。

和三极管相似，场效应管的输出特性曲线分为可变电阻区、放大区（又叫做恒流区）、截止区和击穿区。

3. 场效应管的低频跨导 g_m

低频跨导 g_m 是场效应管的一个重要参数，类似于三极管的 β，定义为漏极电流变化量 ΔI_D 与其对应的栅源电压变化量 ΔU_{GS} 之比，即

$$g_m = \frac{\Delta I_D}{\Delta U_{GS}} \bigg|_{u_{DS} = 常数} \qquad (1 - 8)$$

这个参数表示 u_{GS} 对 i_D 的控制能力，是衡量场效应管放大能力的重要参数，其单位是 μS（$\mu A/V$）或 mS（mA/V）。

1.4.2 场效应管与单极型三极管的特点比较

场效应管也有放大和开关两方面的基本应用，这里不再赘述。

场效应晶体管 FET 和晶体三极管 BJT 都具有较强的放大能力，并由此发展成单极型和双极型两大类集成电路，是电子技术中两类非常重要的元器件，现将这两种分立器件的特点作一比较。

（1）晶体三极管 BJT 是电流控制器件，用基极电流控制集电极电流；场效应管 FET 是电压控制器件，利用栅源电压控制漏极电流。场效应管的跨导 g_m 相对较小，其放大作用远低于晶体三极管。

（2）由于场效应管是利用电场效应来工作的，其输入端几乎不取电流，输入电阻很大。因此，三极管和场效应管各适用于不同的信号源。在仅允许取少量信号源电流的情况下，应选用场效应管构成放大电路；在允许取一定输入电流的情况下，可以选用三极管构成放大电路。

（3）三极管的多子和少子均参与导电，是双极型器件；场效应管是利用多子导电的单极型器件。因少子浓度容易受温度、光照、辐射等外界因素的影响，而多子浓度几乎仅与掺杂浓度有关，所以场效应管的温度稳定性好。

（4）场效应管的集成制造工艺简单，且具有耗电省、工作电源电压范围宽等优点，因此更加广泛地应用于大规模和超大规模集成电路中。

（5）对于衬底不与源极相连的 MOS 管来说，漏极和源极是对称的，可以互换使用。对于耗尽型 MOS 管来说，栅极偏置电压可正、可负、可零，在电路设计时更加方便。

另外，绝缘栅场效应管容易损坏，使用时应注意。

思考题

1. 场效应管属于什么控制器件？如果用受控源作比方，它应该属于哪一类？
2. 场效应管的低频跨导 g_m 的物理意义是什么？其单位是什么？
3. 场效应管和三极管相比有哪些优缺点？

小　　结

1. 硅和锗是两种主要的半导体材料，它们都是四价元素。纯净的半导体叫本征半导体。通过掺杂，可以把本征半导体变为 N 型半导体和 P 型半导体。

2. PN 结是组成一切半导体器件的基础，它是 P 型和 N 型半导体通过特殊工艺在其交界面形成的特殊带电薄层，具有单向导电的性质，即正偏导通、反偏截止。

3. 半导体二极管的内部结构就是一个 PN 结，其基本特性就是 PN 结特性，可用伏安特性曲线来表示器件的特性。稳压二极管稳压工作时应工作于反向击穿区。光电二极管、发光二极管可用来显示、监控、报警、光电耦合等。

4. 半导体三极管的基本结构是三个区、两个结和三个电极，有 NPN 型和 PNP 型两种结构形式。三极管具有电流放大（控制）作用的外部条件是：发射结正偏、集电结反偏。在放大区有 $i_C \approx \beta i_B$，所以称三极管具有电流放大作用，是电流控制器件。

三极管的性能由特性曲线和参数来表征。三极管共发射极接法的输出特性曲线有三个区：截止区、放大区和饱和区。这三个区各有特点，可参见表 1-2。

温度对三极管的参数影响较大，其中三极管的穿透电流 I_{CEO}、电流放大系数 β 均随温度的升高而增大，而发射结正向压降 U_{BE} 随温度升高而减小。

5. 场效应管的常见类型是绝缘栅型场效应管。绝缘栅型管子有增强型和耗尽型之分。每一种都有 N 沟道和 P 沟道两种类型。

绝缘栅场效应管的栅极是绝缘的，因此管子的输入电阻极大。场效应管用栅源电压 u_{GS} 来控制漏极电流 i_D，是电压控制器件，也是单极型器件。

习 题

1.1 测得三个二极管的数值如表 1-3 所示，哪个二极管的性能最好，为什么？

表 1-3 题 1.1 表

测量参数 二极管	正向电流/mA （正偏电压相同）	反向电流/μA （反偏电压相同）	反向击穿电压/V
A	30	3	150
B	100	1	200
C	50	6	100

1.2 硅二极管电路如图 1-32 所示，试分别用二极管的理想模型和恒压降模型计算电路中的电流和输出电压 U_{AO}。（1）$E = 3$ V；（2）$E = 10$ V。

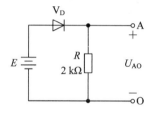

图 1-32 题 1.2 图

1.3 二极管电路如图 1-33 所示，试判断各二极管是导通还是截止，并求出 AO 端的电压 U_{AO}（设二极管为理想二极管）。

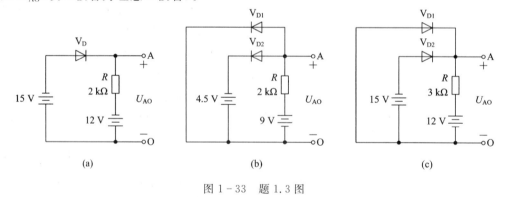

(a)　　　　　　　　(b)　　　　　　　　(c)

图 1-33 题 1.3 图

1.4 图 1-34 所示电路中，$u_i = 10 \sin\omega t \, (V)$，$V_D$ 为理想二极管，试画出各电路输出电压 u_o 的波形。

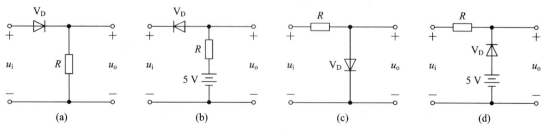

(a)　　　　　　　(b)　　　　　　　(c)　　　　　　　(d)

图 1-34 题 1.4 图

1.5　画出如图 1-35 所示电路中的输出电压 u_o 的波形（设二极管为理想二极管）。

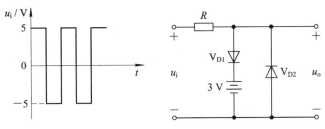

图 1-35　题 1.5 图

1.6　设硅稳压二极管 V_{DZ1} 和 V_{DZ2} 的稳定电压分别为 5 V 和 10 V，求图 1-36 所示各电路的输出电压 U_o 的值。

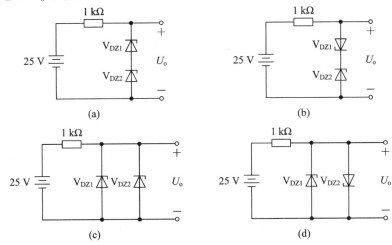

图 1-36　题 1.6 图

1.7　图 1-37 所示电路中，$u_i = 10 \sin\omega t(\text{V})$，$V_{DZ}$ 为理想稳压二极管，稳定电压值为 6 V，试画出该电路输出电压 u_o 的波形。

1.8　某发光二极管的导通电压为 1.5 V，最大整流电流为 30 mA，要求用 4.5 V 直流供电，电路的限流电阻应如何选取？

1.9　三极管 A 的 β 值为 200，I_{CEO} 为 100 μA；三极管 B 的 β 值为 50，I_{CEO} 为 10 μA，其他参数基本相同，哪个三极管的性能更好？为什么？

1.10　图 1-38 所示三极管各电极电流为 $I_1 = -2.04$ mA、$I_2 = 2$ mA、$I_3 = 0.04$ mA，问 A、B、C 各是三极管的哪个电极？是 NPN 管还是 PNP 管？该管的 β 值是多少？

1.11　测得放大电路中某三极管的三个电极对地电压如图 1-39 所示，试区分此三极管的三个电极，并判断它是硅管还是锗管？

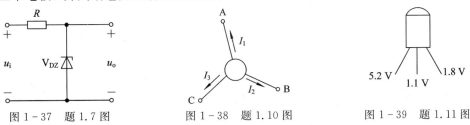

图 1-37　题 1.7 图　　　　图 1-38　题 1.10 图　　　　图 1-39　题 1.11 图

1.12 三极管三个电极的对地电压如图 1-40 所示,试判断各管处于什么状态?是硅管还是锗管?

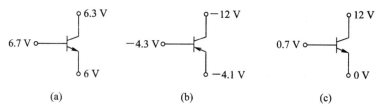

图 1-40 题 1.12 图

1.13 若测得某三极管当 $I_B=20\ \mu A$ 时,$I_C=2\ mA$;当 $I_B=60\ \mu A$ 时,$I_C=5.4\ mA$。求其 β、I_{CEO} 及 I_{CBO} 的值。

1.14 低频小功率三极管 3AX31 在 10℃ 时的 $\beta=50$,$I_{CBO}=1\ \mu A$。试求其穿透电流 I_{CEO},并求出当温度升高到 60℃ 时的 I_{CBO} 和 I_{CEO} 值。

1.15 3DG110 型三极管的输出特性曲线如图 1-41 所示。试求当 $i_B=0.4\ mA$,$u_{CE}=15\ V$ 时的交流电流放大系数 β 和直流电流放大系数 $\bar{\beta}$,并读出 I_{CEO} 的值。

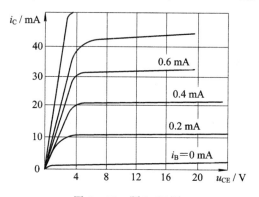

图 1-41 题 1.15 图

1.16 查手册,说出下列器件型号代表的意义。
(1) 3AG11C; (2) 2CZ50X; (3) 2CW2;
(4) 3DG110; (5) CS2B。

1.17 判断图 1-42 所示电路中的三极管工作于什么状态?设发射结压降为 0.7 V。

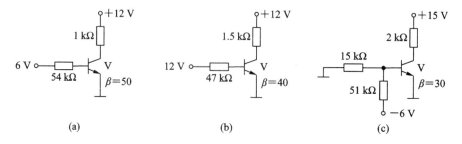

图 1-42 题 1.17 图

1.18 由实验测得两种场效应管各具有图 1-43(a)、(b)所示的输出特性曲线。试判断它们的类型,确定其夹断电压或开启电压值。

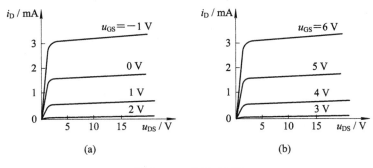

图 1 - 43　题 1.18 图

技 能 实 训

实训一　普通二极管的测试

一、技能要求

1. 熟悉常见二极管的外观特点；

2. 了解 PN 结及二极管的单向导电性，熟悉用万用表测试、判别 PN 结的基本方法；

3. 了解硅管和锗管在实际测试中的区别。

二、实训内容

1. 观察常见的 2AP、2CP 等型号二极管的外观、形状、管脚；

2. 利用测量二极管正、反向电阻的方法，区分二极管的正、负极；

（1）用指针式万用表的 R×100 或 R×1k 挡测量，记录正反向测量的电阻值，区分二极管的正、负电极；

（2）利用数字万用表的"⊢⊢"挡区分二极管的正、负电极，注意数字万用表的表内电池极性。

3. 硅二极管和锗二极管的识别。

（1）分别测量并记录一只硅二极管和一只锗二极管的正向电阻，根据正向电阻区分硅管和锗管；

（2）利用数字万用表的"⊢⊢"挡区分二极管的材料；

（3）将二极管接入正偏电路中，利用万用表的直流电压挡测量二极管的正向压降来判别管子的材料。

实训二　稳压二极管的测试

一、技能要求

1. 了解稳压二极管和普通二极管的区别；

2. 了解稳压二极管稳压电路的组成及限流电阻的选择。

二、实训内容

1．用实训一的方法区分稳压二极管的正、负电极；

2．利用万用表区分稳压二极管和普通二极管。

提示：因为万用表 R×10k 挡的内部电池电压较高，利用该挡测量二极管的反向电阻时，对于大多数稳压二极管来说，这个电压已经使稳压二极管处于击穿区，即测得的反向电阻值很小；而普通二极管的击穿电压要高于表内电池电压，因此用 R×10k 挡测得的反向电阻很大。

稳压管 2DW232 构成的稳压电路如图 1-44 所示，输入电压约为 9 V±10%。试确定限流电阻 R 的大小和功率。

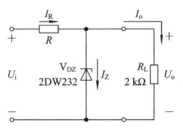

图 1-44　稳压二极管稳压电路

提示：流过稳压二极管的电流过小会因管子尚未进入击穿区而不能发挥稳压作用，电流过大会损坏二极管，因此正常稳压工作的条件是流过管子的电流介于最小稳定电流 I_{Zmin} 和最大稳定电流 I_{Zmax} 之间，可将输入电压波动＋10%且负载开路和输入电压波动－10%作为造成稳压管电流出现最大值和最小值的极端情况，并以此来确定限流电阻 R 的大小。

注：2DW232 的 U_Z＝6 V、I_{Zmin}＝10 mA、I_{Zmax}＝30 mA。

实训三　发光二极管的测试

一、技能要求

1．识别发光二极管的外形及测试发光二极管的特性；

2．会选择发光二极管的限流电阻。

二、实训内容

1．观察常见发光二极管的外形特点、颜色，识别其电极；

提示：因为发光二极管所需的正偏电压比普通二极管高(1.5～3 V 之间)，可用万用表的 R×10k 挡测量，正向电阻应小于 30 kΩ，反向电阻大于 1 MΩ。另外，一般新出厂的发光二极管的正极引线较长。

2．回答问题：如何选择发光二极管的限流电阻？

实训四　光电二极管与光电耦合器的测试

一、技能要求

验证光电二极管的光敏特性。

二、实训内容

1. 区分光电二极管的正、负电极(比如 2CU、2DU 系列)。

提示:可以用区分普通二极管电极的方法来区分光电二极管的电极,但在测量时要将光电二极管置于黑暗处,否则无法区分。

2. 用万用表的 R×1k 挡测量光电二极管的正向电阻,其阻值应在几千欧左右,并且不论有无光照,这个正向阻值基本没有变化;测光电二极管的反向阻值,光电二极管置于黑暗处的阻值读数应在几百千欧到无穷大,受光后(可利用自然光或手电筒等光源)阻值应明显变小,光照越强,阻值越小;将光电二极管重新置入黑暗处后,其阻值应恢复到原来的反向电阻值。

3. 光电耦合器 4N25 的内部结构是由发光二极管和光电三极管构成的,光电三极管在受光时导通。将光耦合器 4N25、限流电阻和发光二极管按图 1 - 45 连接。

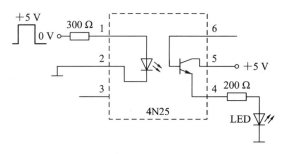

图 1 - 45　光电耦合器的实验电路

(1) 在电路的输入端加入＋5 V 的直流电压源,观察电路的实验现象,用万用表分别测量 4N25 的 1、2 脚之间的压降和电路中发光二极管的导通压降;

(2) 在电路输入端加入频率为 0.5 Hz、幅度为 5 V 的方波信号,观察实验现象。

实训五　三极管的测试

一、技能要求

1. 熟悉常见三极管的外形、管脚排列;

2. 熟悉用万用表测试、判别三极管管脚、材料、性能的方法。

二、实训内容

1. 观察常见三极管(比如 3AX31、3DG6)的外形,根据图 1 - 28 指出其 3 个管脚各是什么电极;

2. 用数字万用表的 $h_{fe}(\beta)$ 插孔测量三极管的 β 值。

第 2 章　基本放大电路

复杂电子系统都是由不同结构和功能的电子电路单元组成的，要分析各种复杂电子系统的工作原理，就必须对各种基本电路单元有所了解。本章主要讨论由双极型晶体三极管和单极型场效应管构成的基本放大电路的电路组成、工作原理和基本分析方法。

2.1　概　　述

2.1.1　放大的意义与放大系统框图

由晶体管构成的基本放大电路，主要作用是利用晶体管的电流或电压控制作用，将微弱的电压或电流不失真地放大到需要的数值。

在电子系统中，"放大"起着十分重要的作用。我们经常需要将微弱的电信号加以放大，去推动后续的电路。这个微弱的电信号可能来自于前级放大器的输出，也可能来自于可以将温度、湿度、光照等非电量转变成电量的各类传感器的输出，也可能来自于收音机天线接收到的广播电台发射的无线电信号等。这些微弱的电信号经过若干级放大电路，被放大到需要的数值，最后送到功率放大电路中进行功率放大以推动喇叭、继电器、显示仪表等执行元件工作。简单地说，一个我们非常熟悉的收音机电路就是一个以"放大"为核心的小型电子系统：它能把接收到的微弱无线电信号逐级放大，最后经功率放大级输出推动喇叭，还原为声音。

一个放大电路系统可以表示成如图 2-1 所示的框图。

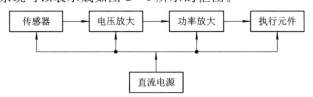

图 2-1　放大电路系统的框图

2.1.2　基本单级放大电路的连接形式

我们知道，无论是晶体三极管 BJT 还是场效应管 FET 都仅具有三个电极，而放大电路应该是一个有源四端双口网络，具有一个输入端口和一个输出端口，如图 2-2 所示。

图 2-2　放大电路的输入和输出端口

以晶体管的一个电极作输入端①,另一个电极作输出端③,则第三个电极必须同时作为②端和④端,即输入和输出端口的公共端。根据公共端的不同,以双极型晶体三极管为例,组成的基本单级放大电路有三种连接方式:共发射极放大电路(Common Emitter,CE)、共集电极放大电路(Common Collector,CC)和共基极放大电路(Common Base,CB),也叫做基本放大电路的三种组态[①],如图 2-3 所示。这三种电路各有特点,将分别加以讨论。

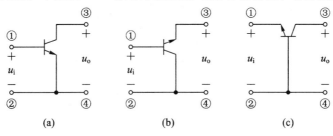

图 2-3 三极管基本放大电路的三种组态

(a) 共发射极组态(基极输入、集电极输出);(b) 共集电极组态(基极输入、发射极输出);
(c) 共基极组态(发射极输入、集电极输出)

2.1.3 基本放大电路中常见元器件的作用

1. 基本放大电路中元器件的作用

三极管基本单级共发射极放大电路如图 2-4(a)所示。为分析方便,将放大电路分为交流输入信号 $u_i=0$,即只有直流电压源作用的直流工作状态和加入交流输入信号后的交流工作状态两种情况。

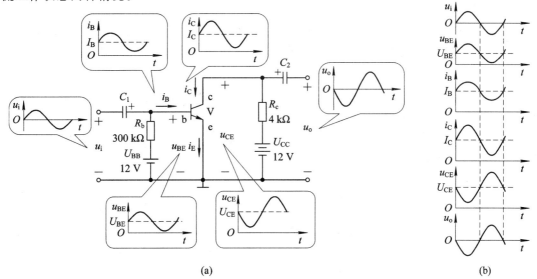

图 2-4 基本单级共发射极放大电路与各点波形

(a) 基本单级共发射极放大电路;(b) 各点波形

[①] 场效应管基本放大电路的三种组态为:共源极放大电路(Common Source,CS)、共漏极放大电路(Common Drain,CD)和共栅极放大电路(Common Gate,CG),将在本章 2.5 节讨论。

直流工作状态下的电路中只有直流电压源产生的直流电压和直流电流，也称为静态。交流工作状态下电路中的电流和电压是直流值与变化的交流值的叠加，也称为动态。静态时电路中要有合适的直流电源保证三极管发射结正偏、集电结反偏；动态时则要保证交流输入信号能有效加入到放大电路，被放大后的交流信号可以有效输出。这是判断一个电路能否正常放大交流信号的必要条件。

电路中元器件的作用都是为了使静态和动态这两个条件得以保证。

为满足静态条件，图 2-4(a)中的直流电压源 U_{BB} 使 NPN 管发射结正偏，U_{CC} 使集电结反偏。同时，为保证三极管可靠工作于放大状态，基极偏置电阻 R_b 与集电极负载电阻 R_c 也必须取合适的数值。

为保证动态条件，使交流输入信号可以无阻碍通过，耦合电容 C_1 和 C_2 一般取 $1 \sim 100~\mu F$ 左右的较大数值[①]，使其对交流信号近似短路。由于电容具有隔直流作用，可以使两级以上的放大电路相互连接时，其直流状态互相独立、互不干扰，所以也称其为隔直电容。

图 2-4(a)中的"⊥"是零电位的接地点，一般取为输入、输出电压以及直流电源的共同端点。这个点不一定真正的接地，只是确定一个零电位点以便称呼电路中其余各点的电位。例如，u_C 是指三极管集电极和接地点之间的电位差，当然，在这个电路中 u_C 与三极管的集电极和发射极间的管压降 u_{CE} 是相同的。在实际装置中，公共端一般接在金属底板和金属外壳上。电流的参考方向则以三极管的实际电流方向为正。

2. 基本放大电路的工作原理与电路中各点的波形

静态分析——未加入交流输入信号时，由于电容的隔直作用，仅在 C_1 和 C_2 之间存在着直流电压 U_{BE}、直流电流 I_B、I_C 和直流管压降 U_{CE}。在合适的参数下，三极管将处于放大状态等待交流输入信号的到来。

动态分析——加入交流输入信号 u_i[②] 后，u_i 顺利地通过 C_1 叠加到三极管的发射结电压上，使发射结电压 u_{BE} 在原来直流电压 0.7 V 的基础上，叠加上一个变化的交流输入，使 u_{BE} 以 0.7 V 为中心按输入信号的正弦规律上下波动，继而引起 i_B、i_C 和 u_{CE} 的相应变化。因为有 $u_{CE} = U_{CC} - i_C R_c$，所以 u_{CE} 和 u_i、u_{BE}、i_B 和 i_C 的变化规律相反。由于 C_2 的隔直，只有 u_{CE} 中的交流部分通过 C_2 到达输出端，成为输出电压 u_o，在合适的参数下，u_o 的幅度可以达到输入电压 u_i 的几十倍。相应的电流、电压波形如图 2-4(a)中所示。为便于比较，将电路中的各点波形重画于图 2-4(b)中。

3. 放大电路的符号说明

要提醒读者注意的是，前述使用的符号并不一致，例如，i_B 和 I_B、u_{CE} 和 U_{CE}。这是由于符号的不同写法有着不同的意义。以基极电流为例，一般规定 I_B 代表直流量，i_b 代表交流量，i_B 代表既有直流又有交流的总量也就是瞬时值，而 I_b 代表交流有效值。当然如果是正弦信号，可以采用 $\dot{I}_b$ 这样的相量表示法[③]。

最后指出，图 2-4(a)的画法可以相对简化：如果认为两个直流电压源 U_{BB} 和 U_{CC} 相

---

① 这个数值的电容一般为有极性的电解电容，须将电解电容的正极接直流高电位才可以正常工作。

② 为了简单起见，本书中的交流信号均以正弦信号为例。

③ 本书第 7 章介绍的正弦信号产生电路中涉及的信号是正弦波，所以采用了相量表示。

等，并且不画出电源 U_{CC} 和 U_{BB}，只在连接它们正极的一端标出对地的电压值 U_{CC} 和极性（"+"或"−"），同时，输入、输出信号也采用这样的画法，就变成了图 2−5 所示的简化电路，这个图和图 2−4(a)完全一样，但看上去更简单明了，而且突出了"交流输入信号→放大电路→交流输出信号"这一放大的主线。

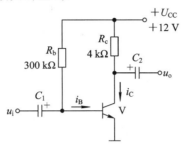

图 2−5　共发射极放大电路的习惯画法

以上介绍的是由 NPN 管构成的共发射极基本放大电路，由于 PNP 管结构与 NPN 管的对称性，请读者自己思考，画出一个由 PNP 管构成的共射极基本放大电路。

2.1.4　放大电路的主要性能指标

放大电路的性能指标可以用来衡量一个放大器性能的好坏和特点，对于低频小信号放大电路，主要关心放大电路对输入电压信号的放大能力，所以将放大电路等效为图 2−6 所示的电压放大电路模型[①]，同时假定输入信号为正弦波。这样，我们就可以由这个网络的端口特性来描述放大电路的性能指标。

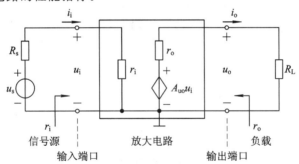

图 2−6　电压放大电路的等效表示方法

1. 电压放大倍数（或电压增益）

为衡量放大电路的放大能力，规定不失真时的输出电压与输入电压的比值为放大电路的电压放大倍数，又叫做电压增益，即

$$A_u = \frac{u_o}{u_i} \tag{2-1}$$

其中，负载开路时的电压放大倍数记为 A_{uo}。

对于正弦交流信号来说，表达式中的电压和电流可以用有效值，也可以用峰值。

电压放大倍数反映了放大电路在输入信号控制下，将直流电源能量转换为交流输出能

---

① 如不作特殊说明，本书中所讨论的放大电路均为电压放大。

量的能力。工程上经常用以 10 为底的对数来表示电压放大倍数的大小，单位是 B(贝尔，Bel)，也常用它的十分之一单位分贝(dB)表示。

$$A_u = 20 \lg \left| \frac{u_o}{u_i} \right| \tag{2-2}$$

利用对数的方式来表达增益的好处是可以用较小的数值范围来描述较宽的放大倍数变化范围。而且在计算多级放大电路的总增益时，利用对数的运算可以将乘法转换为加法，便于简化电路的分析和设计。

2. 最大输出幅度 U_{omax} 和 I_{omax}

在不失真情况下，放大电路的最大输出电压或电流的大小，用 U_{omax} 和 I_{omax} 表示。

3. 输入电阻 r_i

从放大电路的输入端看进去的等效电阻被称为放大电路的输入电阻，定义为

$$r_i = \frac{u_i}{i_i} \tag{2-3}$$

式中的 u_i 和 i_i 代表输入端口的输入电压和输入电流。

输入电阻的大小决定了放大电路从信号源得到的信号幅度的大小。从图 2-6 可以看出，在信号源内阻不为零时，放大电路得到的输入电压并不是信号源提供的全部电压。u_i 和 u_s 之间存在着这样的关系

$$u_i = \frac{r_i}{r_i + R_s} u_s \tag{2-4}$$

从式(2-4)可以看出，信号源为电压源时，放大电路的输入电阻越大，从信号源处得到信号的能力越强，越有利于获得较大的输出幅度。相反，请读者思考，如果是电流源输入，适合什么样输入电阻的放大电路？

4. 输出电阻 r_o

输出电阻是从放大电路输出端看进去的等效电阻，定义为

$$r_o = \frac{u_t}{i_t} \bigg|_{\substack{u_s = 0 \\ R_L = \infty}} \tag{2-5}$$

式(2-5)表示输出电阻被定义为在输入电压源短路(电流源开路)并保留 R_s 和负载开路情况下，放大电路的输出端所加测试电压 u_t 与其产生的测试电流 i_t 的比值。必须指出，这是理论上的定义方法，不能用来实际测量。

输出电阻的大小，决定了放大电路带负载的能力。从图 2-6 中可以看出，负载上得到的输出电压 u_o 并不与放大电路开路输出电压 $A_{uo} u_i$ 相等，它们之间符合这样的关系

$$u_o = \frac{R_L}{R_L + r_o} A_{uo} u_i \tag{2-6}$$

因此，放大电路的输出电阻越小，负载上得到的电压信号就越多，负载变化对输出电压大小的影响就越小，称放大电路的带负载能力越强。

5. 最大输出功率 P_{om} 和效率 η

在输出信号不失真时，放大电路向负载提供的最大交流功率用 P_{om} 来表示。

规定放大器的最大输出功率与直流电源提供的功率之比叫做放大器的效率 η。效率越

高，在交流输入信号的控制下，放大电路的能量转换能力就越强。

除了以上的几种主要性能指标以外，还有通频带、失真度、信噪比、抗干扰能力、温度漂移等等。有了这些性能指标，不仅可以衡量放大电路的性能，还可以根据放大电路的实际情况，确定其使用场合和范围。对于本书讨论的低频小信号电压放大电路来说，主要的指标是电压放大倍数、输入电阻和输出电阻。

思考题

1．保证三极管工作于放大状态的基本原则是什么？
2．如何判断一个放大电路是否能正常放大交流输入信号？
3．放大电路输入电阻和输出电阻的意义是什么？是否在任何情况下放大电路的输入电阻越大越好？输出电阻呢？

2.2　三极管共发射极单级放大电路

前述已知，电路分析分为静态分析和动态分析两个步骤。

2.2.1　放大电路的静态分析

静态时，电路中只有直流电源，因此电路中各处的电流和电压都是不变的直流量，对这些直流量的分析就是静态分析。

静态分析的目的是分析三极管的静态参数 U_{BE}、I_B、I_C 和 U_{CE}，以判断三极管是否处于放大状态。

U_{BE}、I_B、I_C 和 U_{CE} 在输入特性曲线上对应点 $Q(U_{BEQ}, I_{BQ})$，在输出特性曲线上对应为点 $Q(U_{CEQ}, I_{CQ})$，分别如图 2-7(a)、(b) 所示。这两个点靠 $I_C = \beta I_B$ 来联系，所以说 Q 点实际上是具有四个坐标的同一个点，因此，形象地称这四个数值为静态工作点。这四个量也可以写做 U_{BEQ}、I_{BQ}、I_{CQ} 和 U_{CEQ}。

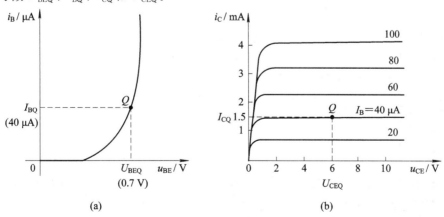

图 2-7　三极管特性曲线上的静态工作点
(a) 输入特性曲线上的 Q 点；(b) 输出特性曲线上的 Q 点

要得到三极管电路中的直流电流、电压值，只需考虑三极管电路的直流通路即可。

直流信号传递的路径叫做直流通路，将电路中的耦合电容开路，就得到对应的直流通路。图 2-8(a)电路对应的直流通路如图 2-8(b)所示，图中的电压、电流数值就是静态工作点。

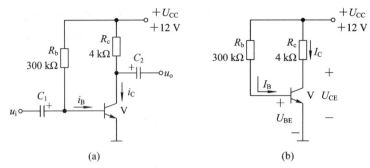

图 2-8 共发射极固定偏置放大电路和它的直流通路

(a) 共发射极固定偏置放大电路；(b) 直流通路

综上所述，直流分析的步骤是：放大电路→直流通路(耦合电容开路)→静态工作点计算。因为三极管在放大区要求发射结正偏，所以一般认为发射结压降 U_{BE} 已知：硅管为 0.7 V，锗管为 0.3 V，而不再加以计算。

例 2-1 共发射极放大电路如图 2-8(a)所示，已知 $\beta=40$，试计算该电路的静态工作点。若 $\beta=75$，请重新计算。并说明这两种情况下三极管分别处于什么工作状态？

解 (1) $\beta=40$ 时的静态工作点分析。由图 2-8(b)的直流通路可知，$U_{BE}\approx0.7$ V，则基极电流 I_B 为

$$I_B = \frac{U_{CC} - U_{BE}}{R_b} \approx \frac{12}{300} = 40 \ \mu A \qquad (2-7)$$

所以

$$I_C = \beta I_B = 40 \times 40 = 1.6 \ mA \qquad (2-8)$$

由回路方程可知

$$U_{CE} = U_{CC} - I_C R_c = 12 - 1.6 \times 4 = 5.6 \ V \qquad (2-9)$$

所以，该三极管电路的静态工作点为 $U_{BE}=0.7$ V，$I_B=40 \ \mu A$，$I_C=1.6$ mA，$U_{CE}=5.6$ V。由以上数据可知，NPN 管的发射结正偏、集电结反偏，处于正常放大状态。

(2) $\beta=75$ 时的静态工作点分析。重新计算，可以得到 $U_{BE}=0.7$ V，$I_B=40 \ \mu A$，$I_C=3$ mA，$U_{CE}=0$。所以三极管发射结和集电结均正偏，三极管处于饱和状态，不能正常放大。

2.2.2 放大电路的动态分析

电路有了合适的静态工作点后，就可以对加入的交流信号进行放大。

动态分析一般需要分析放大电路的电压放大倍数、输入电阻和输出电阻等。加入交流信号后，电路中虽然既有交流又有直流成分，但为分析方便，在交流分析时认为直流成分为零，仅考虑电路中的交流成分。三极管电路动态分析的估算方法通常采用小信号等效电路分析法。

所谓小信号等效电路分析法就是在输入信号较小的情况下，将非线性元件三极管等效成线性元件后，可直接对全部由线性元件组成的等效电路进行计算，得到需要的性能指标。

为什么只有在输入信号很小的情况下,这种方法才能应用呢?

我们知道,三极管是一个非线性元件,它的输入和输出特性曲线都不是直线,所以,只有在输入信号较小、相应的动态工作范围也较小的情况下,才能把三极管工作点附近较小范围内的特性用一段直线来近似,也就是等效成线性的小信号模型。如果将交流通路中的三极管用小信号模型替代,这个电路就称为小信号等效电路。

所以,动态分析前要对电路进行如下处理:第一,因为仅考虑交流,所以将耦合电容和理想电压源均做短路处理,得到电路的交流通路;第二,由于电压放大电路的动态分析是针对小信号的,所以将三极管用交流小信号等效模型替换,得到电路的小信号等效电路。利用这个电路就可以很方便地计算放大电路的各项性能指标了。

总之,动态分析的步骤为:放大电路→交流通路(耦合电容和直流电压源短路)→小信号等效电路(交流通路中的三极管用小信号模型替代)→A_u、r_i、r_o 等性能指标分析。

1. 三极管的小信号等效模型

共发射极接法的三极管小信号等效模型如图 2 - 9(b)所示。

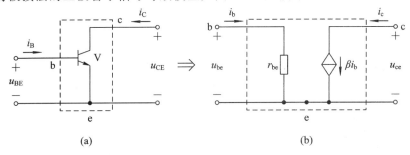

图 2 - 9　三极管及其小信号等效模型
(a) 三极管在共发射极接法时的双口网络;(b) 放大区的小信号等效模型

当输入信号较小时,三极管输入端口(基极 b 和发射极 e 之间)等效为三极管的输入电阻 r_{be}。对于一般的低频小功率三极管,r_{be} 可以由下式来估算,其中的 I_E 是三极管静态时的发射极电流。

$$r_{be} = 300 + (1+\beta)\frac{26(\text{mV})}{I_E(\text{mA})} \qquad (2-10)$$

由于三极管的特性曲线是弯曲的,静态工作点位置不同,这段近似直线的斜率也不同,意味着这个等效模型的参数将随着 Q 点的不同而不同,所以 r_{be} 的大小与静态参数有关。

集电极 c 和发射极 e 间的输出端口等效成一个电流控制电流源 i_c,控制变量是 i_b。

值得注意的是:因为交流小信号等效电路中不考虑直流量,因此图 2 - 9(b)中的变量均用"小写字母+小写下标"的写法,例如图中的 i_c、i_b、u_{ce} 和 u_{be},代表纯粹的交流量。

请读者思考一个问题:某小功率硅三极管小信号模型中的 u_{be} 还是 0.7 V 吗? 为什么?

2. 小信号等效电路分析法

将基本共发射极放大电路重画于图 2 - 10(a)中,(b)图为其交流通路,本电路中加入了内阻为 R_s 的电压信号源。

在画出交流通路后,我们可以先画出三极管的小信号等效模型并确定它的三个电极,然后把交流通路中的其他元件按照原来在电路中的位置画出,就得到了三极管的小信号等效电路,并相应标出电路中的各电流、电压量。由于仅考虑信号中的交流成分,所以小信号等效电路中的电压、电流都是交流量,如图 2-10(c) 所示。

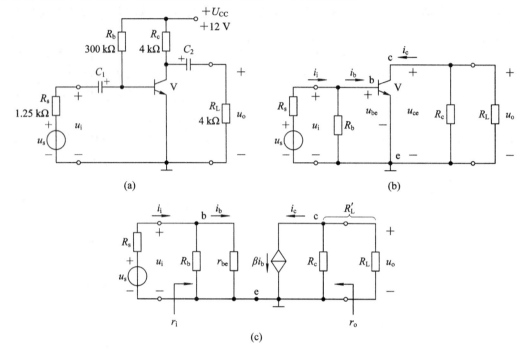

图 2-10　基本共发射极放大电路

(a) 基本共发射极放大电路;(b) 交流通路;(c) 小信号等效电路

1) 电压放大倍数 A_u

要注意的是,输入回路中的 i_b 在输出回路中以 βi_b 的形式出现。因此,在进行计算的时候,要随时注意利用 $i_c = \beta i_b$ 的控制关系。所以,图 2-10(c) 中的输入电压 u_i 和输出电压 u_o 的表达式分别为

$$u_i = i_b \cdot r_{be} \tag{2-11}$$

$$u_o = -\beta i_b (R_c \mathbin{/\mkern-5mu/} R_L) \tag{2-12}$$

所以

$$A_u = \frac{u_o}{u_i} = \frac{-\beta i_b (R_c \mathbin{/\mkern-5mu/} R_L)}{i_b r_{be}} = -\beta \frac{(R_L \mathbin{/\mkern-5mu/} R_c)}{r_{be}} = -\beta \frac{R_L'}{r_{be}} \tag{2-13}$$

式(2-13)中的 R_L' 是集电极电阻和负载电阻并联的等效电阻,也叫等效负载电阻。

从式(2-13)可以看出,表达式中的负号表示输出电压与输入电压的相位相反。在经验数值下,这个电路的电压放大倍数可以达到几十到一二百倍。

2) 输入电阻 r_i

根据式(2-3)输入电阻的定义和式(2-11),可以得到

$$i_i = i_{R_b} + i_b = \frac{u_i}{R_b} + \frac{u_i}{r_{be}}$$

所以

$$r_i = \frac{u_i}{i_i} = \frac{1}{\dfrac{1}{R_b} + \dfrac{1}{r_{be}}} = R_b \mathbin{/\mkern-6mu/} r_{be} \qquad (2-14)$$

低频小功率三极管的 r_{be} 较小，只有 $1 \sim 2\ \mathrm{k\Omega}$ 左右，一般有 $R_b \gg r_{be}$，可以认为共射极基本放大电路的输入电阻近似为 r_{be}，显然，这个阻值并不太大。

实际上，我们并不一定完全按照定义来计算输入电阻，采用观察和定义计算相结合的方法更简单有效：由于输出回路对输入回路不产生影响，从图 2-10(c) 中可以很明显地看出：$r_i = R_b \mathbin{/\mkern-6mu/} r_{be}$。

3）源电压放大倍数 A_{us}

源电压放大倍数定义为输出电压 u_o 和信号源电压 u_s 的比值，源电压放大倍数可以更真实地反映放大器的放大能力。将式(2-4)代入式(2-1)，得到源电压放大倍数的计算公式为

$$A_{us} = \frac{u_o}{u_s} = \frac{r_i}{r_i + R_s} \cdot A_u \qquad (2-15)$$

可以看出，源电压放大倍数比电压放大倍数要小。这主要取决于放大电路输入电阻和信号源内阻之间的关系：放大电路的输入电阻越大，从信号源那里得到的电压信号越多，输入电压和信号源提供的大小越接近，源电压放大倍数也就接近于电压放大倍数。也就是说，输入电阻越大，从信号源那里得到电压信号的能力越强。

4）输出电阻 r_o

根据式(2-5)输出电阻的定义，将信号源电压短路，保留信号源内阻，并把负载开路，将图 2-10(c)画成图 2-11 的形式。在放大电路的输出端加上一个测试电压 u_t，这个测试电压和它所产生的测试电流 i_t 的比值就是放大器的输出电阻。从图 2-11 可以看出，测试电压 u_t 不对输入回路产生影响，所以 i_b 为 0，导致 i_c 也为 0，受控源支路相当于开路。因此电路的输出电阻 r_o 为

$$r_o = \left.\frac{u_t}{i_t}\right|_{\substack{u_s=0 \\ R_L=\infty}} = \frac{u_t}{u_t/R_c} = R_c \qquad (2-16)$$

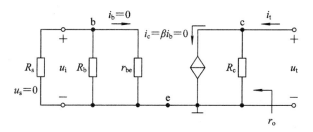

图 2-11　基本共发射极放大电路的输出电阻

同样，输出电阻也可以采用观察和计算相结合方法得到。

例 2-2　基本共发射极放大电路及参数如图 2-10(a)所示，$\beta = 40$，U_{BE} 可忽略。求：(1) 电路的静态工作点；(2) 电压放大倍数 A_u；(3) 源电压放大倍数 A_{us}；(4) 输入电阻和输出电阻。

解　(1) 电路的静态工作点

$$I_B \approx \frac{U_{CC}}{R_b} = \frac{12}{300} \approx 40 \ \mu A$$

$$I_C = \beta I_B = 40 \times 40 = 1.6 \ \text{mA}$$

$$U_{CE} = U_{CC} - I_C R_c = 12 - 1.6 \times 4 = 5.6 \ \text{V}$$

（2）电压放大倍数 A_u。根据公式（2-10）可得

$$r_{be} = 300 + (1+\beta)\frac{26(\text{mV})}{I_E(\text{mA})} = 300 + 41 \times \frac{26}{1.6} \approx 1 \ \text{k}\Omega$$

所以

$$A_u = \frac{u_o}{u_i} = -\beta \frac{R_L \ /\!/ \ R_c}{r_{be}} = -40 \times \frac{2}{1} \approx -80$$

（3）源电压放大倍数 A_{us}。因为 $r_i = R_b \ /\!/ \ r_{be} \approx 1 \ \text{k}\Omega$，所以源电压放大倍数为

$$A_{us} = \frac{u_o}{u_s} = \frac{r_i}{r_i + R_s} \cdot A_u = \frac{1}{1+1.25} \times (-80) \approx -35.6$$

可见，由于信号源内阻的影响，使放大电路实际获得的输入电压下降，导致源电压放大倍数远小于电压放大倍数。

（4）输入电阻和输出电阻

$$r_i \approx 1 \ \text{k}\Omega$$

$$r_o = R_c = 4 \ \text{k}\Omega$$

总之，共发射极基本放大电路的电压放大倍数较大，输出电压和输入电压反相，由于电压放大能力很强，所以应用十分广泛。作为一个电压放大器来说，共发射极电路的输入电阻不够大，仅为 r_{be}，使放大器得到的输入电压比信号源电压要衰减很多，导致源电压放大倍数下降。输出电阻较大，带负载能力不强。

例 2-3 单级共发射极放大电路如图 2-12(a)所示。已知 $U_{CC} = 20 \ \text{V}$，$R_c = 6 \ \text{k}\Omega$，$R_b = 470 \ \text{k}\Omega$，$\beta = 45$，$R_L = 4 \ \text{k}\Omega$，$R_s = 1.25 \ \text{k}\Omega$，$U_{BE} = 0.7 \ \text{V}$，$R_e = 1 \ \text{k}\Omega$。求：（1）$Q$ 点的数值；（2）源电压放大倍数 A_{us}；（3）输入电阻 r_i 和输出电阻 r_o。

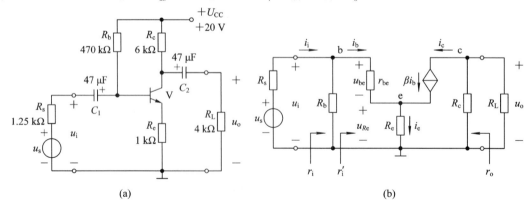

图 2-12　例 2-3 的电路图

（a）例 2-3 的电路图；（b）例 2-3 的小信号等效电路

解 （1）静态分析。由图 2-12(a)的直流通路（将电路中的耦合电容和射极旁路电容开路即可，以后直流通路不再画出）得到输入回路的回路方程为

$$U_{CC} = I_B R_b + U_{BE} + (1+\beta)I_B R_e$$

一般有 $I_E \approx I_C$，可得基极电流 I_B

$$I_B \approx \frac{U_{CC} - U_{BE}}{R_b + \beta R_e} = \frac{20 - 0.7}{470 + 45 \times 1} \approx 37 \ \mu A$$

所以

$$I_C = \beta I_B = 45 \times 0.037 = 1.67 \ mA$$

$$U_{CE} = U_{CC} - I_C R_c - I_E R_e \approx 20 - 1.67 \times (6 + 1) \approx 8.3 \ V$$

（2）源电压放大倍数 A_{us}。图 2-12(a)的小信号等效电路如图 2-12(b)所示。从图中可以看出，由于射极电阻的存在，输入电压 u_i 由 r_{be} 上的压降 u_{be} 和射极电阻上的压降 u_{R_e} 组成，所以 u_i 和 u_o 分别表示为

$$u_i = u_{be} + u_{R_e} = i_b r_{be} + (1 + \beta) i_b R_e$$

$$u_o = -\beta i_b (R_c \ /\!/ \ R_L)$$

故

$$A_u = -\frac{\beta (R_c \ /\!/ \ R_L)}{r_{be} + (1 + \beta) R_e} \approx -2.3 \qquad (2-17)$$

其中 $r_{be} = 300 + (1 + \beta) \dfrac{26}{1.67} \approx 1 \ k\Omega$。

由 u_i 的公式，可得输入电阻为

$$
\begin{aligned}
r_i &= \frac{u_i}{i_i} = \frac{u_i}{i_{R_b} + i_b} \\
&= \frac{u_i}{\dfrac{u_i}{R_b} + \dfrac{u_i}{[r_{be} + (1 + \beta) R_e]}} \\
&= R_b \ /\!/ \ [r_{be} + (1 + \beta) R_e] \approx 43 \ k\Omega \qquad (2-18)
\end{aligned}
$$

所以

$$A_{us} = \frac{r_i}{r_i + R_s} A_u = \frac{43}{43 + 1.25} (-2.3) \approx -2.23$$

（3）输入电阻和输出电阻。由式(2-18)可知，放大电路的输入电阻为

$$r_i = 43 \ k\Omega$$

本例的输入电阻也可以用观察和计算结合的方法来求得，即由观察可知

$$r_i = R_b \ /\!/ \ r_i'$$

而

$$r_i' = \frac{u_i}{i_b} = \frac{i_b r_{be} + (1 + \beta) i_b R_e}{i_b} = r_{be} + (1 + \beta) R_e$$

所以电路的输入电阻为

$$r_i = R_b \ /\!/ \ [r_{be} + (1 + \beta) R_e] \approx 43 \ k\Omega$$

和前述计算的结果相同。

为求放大电路的输出电阻，将电路的小信号等效电路重画于图 2-13，从图中可以看出：$r_o = R_c \ /\!/ \ r_o'$。因为 $u_s = 0$ 时，$i_b = 0$，所以被控支路电流 i_c 也为 0，受控源支路相当于开路，即 $r_o' \to \infty$，所以本电路的输出电阻仍为 R_c，即

$$r_o = R_c = 6 \ k\Omega$$

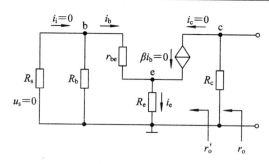

图 2-13　例 2-3 电路输出电阻的计算

从例 2-3 的数据可以看出，交流通路中的射极电阻可以提高放大器的输入电阻，但降低了电压放大倍数。在后面的学习中可以知道，射极电阻实际上起到了负反馈的作用，虽然使电路的放大倍数下降，但可以改善放大电路多方面的性能，比如输入电阻得到提高，使放大电路获得输入电压信号的能力增强。至于放大倍数的下降可以通过多级放大电路来实现。

需要注意的是，以上动态分析是在输出信号没有明显失真的情况下进行的。如果信号幅度过大或静态工作点的位置不够合理，都会使输出信号产生失真。比如，静态工作点过低，将使动态范围进入截止区而产生截止失真；静态工作点过高，将使三极管进入饱和区引起饱和失真，分别如图 2-14(a)、(b)所示[①]。由于输出与输入反相，当出现截止失真时，u_o 的顶部被削平；反之，当出现饱和失真时，u_o 的底部被削平。信号过大，还会同时出现双向失真。请读者思考，若输出信号已经出现了饱和失真或截止失真，应如何调整电路参数加以消除。

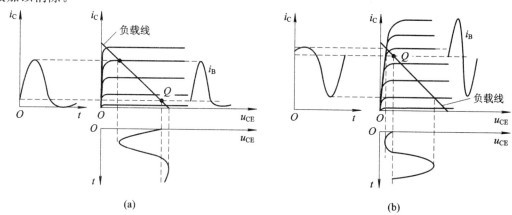

图 2-14　截止失真与饱和失真

(a) 截止失真；(b) 饱和失真

可以想象，如果静态工作点处于负载线的中央，将获得最大的动态工作范围，输出端得到最大幅度的不失真输出。但在实际工作中，如果输入信号较小，在不至于产生失真的情况下，一般把静态工作点选得稍低一些，可以降低静态工作电流，节省直流电源能量消耗，提高效率。

---

① 图中的负载线由电路方程 $u_{CE} = U_{CC} - i_C R_c$ 确定，三极管的电流、电压值必受此方程约束。也就是说，随输入信号变化的三极管的工作轨迹只能在负载线上移动。

以上三极管放大电路的静态和动态分析均采用的是近似的估算方法，如果有较准确的三极管特性曲线，也可以采用图解分析法。所谓图解分析法，就是利用作图的方式，在三极管的特性曲线上确定 Q 点的位置和讨论放大器的交流性能。用图解法来分析放大电路，可以非常直观地看出三极管的静态是否在合适的放大区域以及输入、输出波形的幅度和相位关系等。图 2-14 对截止失真和饱和失真的分析就是图解分析的实例，有兴趣的读者可参阅相关参考资料。

一般，在输入信号幅度较小时适用小信号等效电路法，若输入信号幅度较大，动态工作范围也较大，则应利用图解法来分析。

图解法具有直观的特点，所以，若要分析放大电路的最大输出电压幅度、或者要安排电路的静态工作点、研究放大电路的失真等情况时，适合采用图解法。图解法的缺点是有时并不方便，尤其在没有准确的三极管特性曲线的时候。当放大电路比较复杂、作图变得相当困难时，也不能采用图解分析法。

2.2.3　影响放大电路静态工作点稳定的因素

设计电路时，通过调整电路参数，总可以确定一个合适的静态工作点。但在实际工作中发现，随着三极管工作时间的延长或其他因素的影响，输出信号有时会出现失真。这说明，静态工作点出现了移动，使三极管的动态工作范围的一部分进入了饱和区或截止区，通常，饱和失真较为常见。这种现象是什么原因造成的呢？在三极管和电路参数不变的情况下，影响静态工作点的主要原因是温度的变化。

1.　温度对静态工作点的影响

因为 $I_C = \beta I_B + I_{CEO}$，而公式中的三个参数 β、U_{BE} 和 I_{CEO} 都与温度有关。首先，温度每升高 $1℃$，β 相应地增大 $0.5\% \sim 1\%$；第二，由于发射结的温度系数约为 $-2 \sim 2.5\ mV/℃$，所以当温度升高时，对于同样的外加偏置电压，得到的 I_B 应该是增加的；第三，温度每增加 $10℃$，穿透电流 I_{CEO} 就增大到原来的 2 倍。所以，β、U_{BE} 和 I_{CEO} 随着温度升高，都将引起集电极电流 I_C 的增大，静态工作点升高，导致放大电路的动态工作范围接近或进入饱和区而出现饱和失真。

2.　如何稳定静态工作点

三极管集电极电流的增加是引起静态工作点向上移动的原因。如果能在温度变化时维持集电极电流不变，就可以解决静态工作点稳定的问题。图 2-15 所示的共发射极放大电路叫做分压式射极偏置电路，因发射极接了一个射极偏置电阻 R_e 而得名。

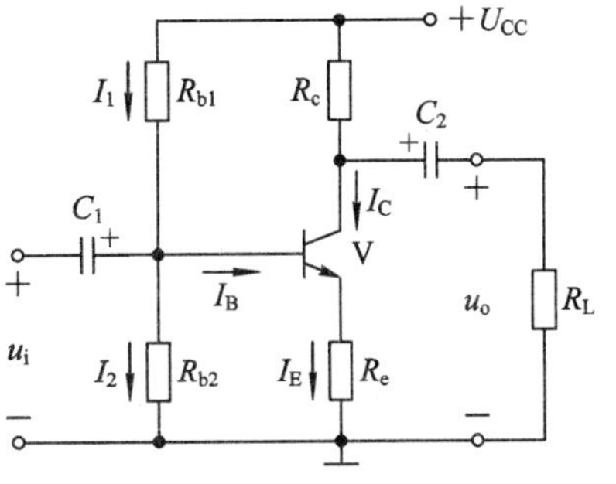

图中，$I_1 = I_2 + I_B$，由于 I_B 很小，一般 I_1、$I_2 \gg I_B$，所以有 $I_1 \approx I_2$。因此三极管基极电位 U_B 的大小主要由 R_{b1} 和 R_{b2} 对 U_{CC} 的分压来决定，即

$$U_B = \frac{R_{b2}}{R_{b1} + R_{b2}} \cdot U_{CC} \qquad (2-19)$$

图 2-15　分压式射极偏置电路

由于电源电压和电阻值都是常量，三极管的基极电位 U_B 可以看成是恒定的。当温度

升高时，集电极电流 I_C 增加，所以 I_E 也增加，导致射极偏置电阻上的压降 U_{Re} 增加。由于 U_B 恒定，所以加在三极管发射结上的电压 U_{BE} 减小，于是 I_B 减小，I_C 也随之减小。这是电路内部的调节过程，从宏观上看，集电极电流是基本维持不变的。反之，当外界因素引起集电极电流减小时，也可以通过类似过程维持静态工作点的稳定。

在实际情况中，图 2-15 中的 I_1 越大于 I_B，U_B 越大于 U_{BE}，稳定控制的作用就越好。为了兼顾其他指标，一般取

$$\left.\begin{array}{l} I_1 = (5 \sim 10)I_B \\ U_B = (5 \sim 10)U_{BE} \end{array}\right\} \qquad (2-20)$$

例 2-4 分压式射极偏置电路如图 2-15 所示，$\beta=60$，$R_e=1 \text{ k}\Omega$，$R_{b1}=30 \text{ k}\Omega$，$R_{b2}=10 \text{ k}\Omega$，$R_c=2 \text{ k}\Omega$，$R_L=2 \text{ k}\Omega$，$U_{CC}=12 \text{ V}$，发射结压降约为 0.7 V。求：（1）静态工作点 Q；（2）电压放大倍数 A_u；（3）输入电阻；（4）输出电阻。

解 （1）静态工作点 Q。因为

$$U_B = \frac{R_{b2}}{R_{b1} + R_{b2}} U_{CC} = \frac{10}{30 + 10} \times 12 \approx 3 \text{ V}$$

所以可得集电极电流约为

$$I_C \approx I_E = \frac{U_B - U_{BE}}{R_e} \qquad (2-21)$$

管压降为

$$U_{CE} = U_{CC} - I_C(R_c + R_e) \qquad (2-22)$$

基极电流为

$$I_B = \frac{I_C}{\beta}$$

将电路元件参数带入，可得

$$I_C = 2.3 \text{ mA}, \quad U_{CE} = 5.1 \text{ V}, \quad I_B = 38 \ \mu\text{A}$$

因为三极管的集电极电流主要是由发射极电阻 R_e 来确定和稳定的，所以这个电路才被称为射极偏置电路，也叫自偏置电路。由式(2-21)还可以看出，I_C 的大小与三极管的 β 无关，在需要更换管子时，不会因管子的特性不同而造成静态工作点的移动。

（2）电压放大倍数。图 2-15 的小信号等效电路，如图 2-16 所示。

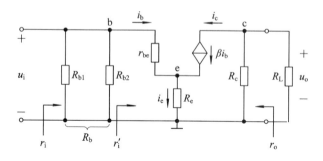

图 2-16 射极偏置电路的小信号等效电路

以基极电流 i_b 为参量，分别写出输入电压 u_i 和输出电压 u_o 的表达式为

$$u_i = i_b r_{be} + i_e R_e = i_b r_{be} + (1+\beta)i_b R_e$$

$$u_o = -i_c(R_c /\!\!/ R_L) = -\beta i_b R_L'$$

所以电压放大倍数为

$$A_u = \frac{u_o}{u_i} = \frac{-\beta i_b R_L'}{i_b r_{be} + (1+\beta) i_b R_e} = \frac{-\beta R_L'}{r_{be} + (1+\beta) R_e} \qquad (2-23)$$

由 $r_{be} = 300 + (1+\beta)\dfrac{26\ (\mathrm{mV})}{I_E(\mathrm{mA})} \approx 1\ \mathrm{k\Omega}$，得

$$A_u = -60 \times \frac{2 /\!\!/ 2}{1 + 61 \times 1} \approx -0.97$$

（3）输入电阻 r_i。通过观察图 2-16 可知，$r_i = R_{b1} /\!\!/ R_{b2} /\!\!/ r_i'$，而

$$r_i' = \frac{u_i}{i_b} = \frac{i_b r_{be} + (1+\beta) i_b R_e}{i_b} = r_{be} + (1+\beta) R_e$$

所以

$$r_i = R_{b1} /\!\!/ R_{b2} /\!\!/ r_i' = R_{b1} /\!\!/ R_{b2} /\!\!/ [r_{be} + (1+\beta)R_e]$$
$$= 30 /\!\!/ 10 /\!\!/ [1 + 61 \times 1] = 6.7\ \mathrm{k\Omega} \qquad (2-24)$$

由式（2-24）可知，R_e 接入以后，提高了放大器的输入电阻，并且较大的 R_{b1} 和 R_{b2} 也有利于提高放大电路的输入电阻。

（4）输出电阻 r_o。由前面的分析可得射极偏置电路的输出电阻为

$$r_o = R_c = 2\ \mathrm{k\Omega}$$

与例 2-3 类似，射极电阻 R_e 的接入带来的好处是：使放大电路的静态工作点稳定，提高了放大电路的输入电阻，但 R_e 越大，电压放大倍数下降得也越多。为兼顾指标，我们可以在 R_e 上并联一个较大的射极旁路电容 C_e（它的大小和耦合电容的容值范围一致），以消除射极电阻对放大倍数的影响。但由于 R_e 的存在还会给放大电路的其他性能带来改善，所以可采用图 2-17 所示的电路。图中旁路电容消除了较大的射极电阻 R_{e2} 对交流分量的影响，使电压放大倍数不至于下降太多，在直流通路中，R_{e1} 和 R_{e2} 又起到了对静态工作点稳定的作用。

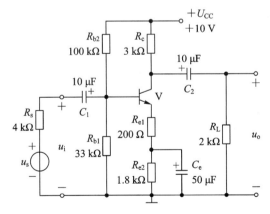

图 2-17　常用的分压式射极偏置电路

思考题

1. 如果一个放大电路不能正常放大输入信号，对放大电路检查的大概步骤是什么？

2. NPN 管构成的共射极放大电路出现截止失真的原因是什么？输出电压波形是什么

形状? 如何改善?

3. 放大电路静态工作点不稳定的主要原因是什么? 如何使静态工作点稳定?

2.3 共集电极放大电路

共集电极放大电路, 是三极管基本放大电路三种组态之一, 是以集电极作为输入、输出回路公共端的放大电路。

2.3.1 共集电极放大电路的组成与分析

图 2-18 分别为共集电极放大电路的原理电路和交流通路。从交流通路可以清楚地看出, 三极管的集电极作为输入和输出回路的公共端, 输入信号从三极管的基极和集电极之间加入, 输出信号从三极管的发射极和集电极之间取出。因为输出信号是从三极管的发射极输出的, 所以又称为射极输出器。

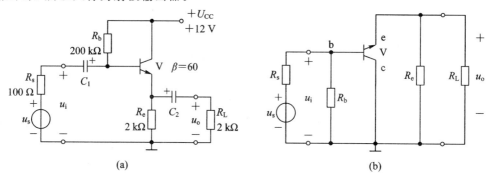

图 2-18 共集电极放大电路

(a) 共集电极放大电路; (b) 交流通路

下面用估算法来分析这个电路的性能特点。

1. 直流分析——静态工作点

由图 2-18(a) 可写出输入回路的回路方程

$$U_{CC} = I_B \cdot R_b + U_{BE} + I_E \cdot R_e = I_B \cdot R_b + U_{BE} + (1+\beta)I_B \cdot R_e$$

所以基极电流为

$$I_B = \frac{U_{CC} - U_{BE}}{R_b + (1+\beta)R_e} \qquad (2-25)$$

集电极电流和管压降分别为

$$I_C = \beta I_B$$
$$U_{CE} = U_{CC} - I_E R_e \approx U_{CC} - I_C R_e \qquad (2-26)$$

2. 交流分析

小信号等效电路如图 2-19 所示。

(1) 电压放大倍数 u_o。因为

$$u_i = i_b r_{be} + i_e (R_e /\!/ R_L) = i_b r_{be} + (1+\beta)i_b R_L'$$
$$u_o = i_e (R_e /\!/ R_L) = (1+\beta)i_b R_L'$$

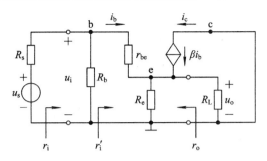

图 2-19　共集电极放大电路的小信号等效电路

所以

$$A_{\mathrm{u}} = \frac{u_{\mathrm{o}}}{u_{\mathrm{i}}} = \frac{(1+\beta)R_{\mathrm{L}}^{'}}{r_{\mathrm{be}} + (1+\beta)R_{\mathrm{L}}^{'}} \tag{2-27}$$

在式(2-27)中，$(1+\beta)R_{\mathrm{L}}^{'} \gg r_{\mathrm{be}}$，所以这个电压放大倍数是小于 1 且约等于 1 的，并且输出电压和输入电压同相，因此共集电极放大电路又被称为电压跟随器或射极跟随器。

（2）输入电阻 r_{i}。由图 2-19 可知，共集电极电压跟随器的输入电阻为

$$r_{\mathrm{i}} = R_{\mathrm{b}} \mathbin{/\mkern-5mu/} r_{\mathrm{i}}^{'}$$

而

$$r_{\mathrm{i}}^{'} = \frac{u_{\mathrm{i}}}{i_{\mathrm{b}}} = \frac{i_{\mathrm{b}} r_{\mathrm{be}} + i_{\mathrm{e}}(R_{\mathrm{e}} \mathbin{/\mkern-5mu/} R_{\mathrm{L}})}{i_{\mathrm{b}}} = r_{\mathrm{be}} + (1+\beta)R_{\mathrm{L}}^{'}$$

所以放大电路的输入电阻为

$$r_{\mathrm{i}} = R_{\mathrm{b}} \mathbin{/\mkern-5mu/} \left[r_{\mathrm{be}} + (1+\beta)R_{\mathrm{L}}^{'} \right] \tag{2-28}$$

式(2-28)说明，由于射极电阻的存在，共集电极电路的输入电阻要比共射极基本电路的输入电阻大得多，所以共集电极电路从信号源处获得输入电压信号的能力较强。

（3）输出电阻 r_{o}。根据定义，利用图 2-20 计算射极跟随器的输出电阻 r_{o}。

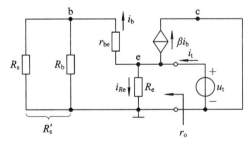

图 2-20　共集电极放大电路的输出电阻

值得注意的是，图 2-20 中的基极电流和集电极电流的方向不再是从基极和集电极流入，而是相反。这是因为图中所示的电流方向是在测试电压源 u_{t} 的作用下产生的，而不是输入信号源 u_{s} 的作用。因 u_{t} 与受控支路并联，所以 u_{t} 可以使基极支路产生与输入信号 u_{s} 作用时方向相反的电流。这个基极电流又控制集电极支路产生相反方向的集电极电流，各电流方向如图中所示。

根据输出电阻的定义有

$$r_{\mathrm{o}} = \left. \frac{u_{\mathrm{t}}}{i_{\mathrm{t}}} \right|_{\substack{u_{\mathrm{s}}=0 \\ R_{\mathrm{L}}=\infty}} = \frac{u_{\mathrm{t}}}{i_{R_{\mathrm{e}}} + i_{\mathrm{b}} + \beta i_{\mathrm{b}}} = \frac{u_{\mathrm{t}}}{\dfrac{u_{\mathrm{t}}}{R_{\mathrm{e}}} + (1+\beta)i_{\mathrm{b}}}$$

而
$$i_b = \frac{u_t}{R_s \mathbin{/\mkern-5mu/} R_b + r_{be}} = \frac{u_t}{R_s' + r_{be}}$$

所以输出电阻为

$$r_o = \frac{u_t}{\dfrac{u_t}{R_e} + (1+\beta)\dfrac{u_t}{R_s' + r_{be}}} = \frac{1}{\dfrac{1}{R_e} + \dfrac{1}{\dfrac{R_s' + r_{be}}{1+\beta}}} = R_e \mathbin{/\mkern-5mu/} \frac{R_s' + r_{be}}{1+\beta} \qquad (2-29)$$

式中，R_s' 为信号源内阻 R_s 和基极偏置电阻 R_b 的并联。

式(2-29)表示，射极跟随器的输出电阻小，一般只有几十欧姆，带负载能力较强。

若图 2-18(a)中的参数为 $U_{CC} = 12$ V，$\beta = 60$，$R_s = 100$ Ω，$R_b = 200$ kΩ，$R_e = 2$ kΩ，$R_L = 2$ kΩ。若已知 $r_{be} = 1$ kΩ，则电压放大倍数约为 0.98，输入电阻为 47 kΩ；输出电阻为 17 Ω。由典型数据可知，共集电极放大电路的特点为：电压放大倍数小于 1 且约等于 1，输出电压和输入电压同相；输入电阻大，从信号源处获得电压信号的能力较强；输出电阻小，带负载能力强。

2.3.2 共集电极放大电路的应用

因为共集电极电路的输入电阻大、输出电阻小的特点，所以共集电极放大电路广泛地应用于多级放大电路的输入级、输出级和缓冲级。

1. 共集电极电路作输入级

多级放大电路中，与信号源相连的第一级放大电路称为输入级。由于共集电极电路的输入电阻较大，因此把共集电极电路与内阻较大的信号源相匹配，用来获得较多的信号源电压，可以避免在信号源内阻上不必要的损耗。

在图 2-21(a)所示的放大电路中，按照图中所示的数据，如果直接用共射极电路作为输入级，那么信号源虽然提供了 10 mV 的输入电压信号，多级放大器的输入端只能得到 5 mV 的输入信号，有一半的信号源电压要损耗在信号源内阻上；如果采用共集电极电路作为输入级，如图 2-21(b)所示，则放大电路可以得到 9.5 mV 的输入电压信号，然后再将共集电极电路的输出送给共发射极电路去进行放大，这样，信号源内阻上只损耗了 5% 的信号源电压信号。

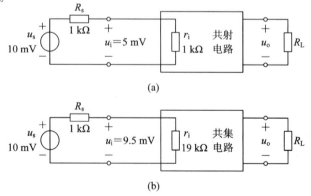

图 2-21 共集电极电路用于多级放大器的输入级

(a)共射极电路作输入级；(b)共集电极电路作输入级

2. 共集电极电路作输出级

多级放大电路中,与负载相连的最后一级放大电路称为输出级。共集电极电路的输出电阻较小,一般只有几十欧姆,用共集电极电路作为输出级可以有效地提高放大器的带负载能力。

按图 2-22 中所示的数据,若直接用共射极电路驱动负载,负载上只能得到开路输出电压 u_o' 的一半;如果在负载和共射极放大电路之间接入一级共集电极电路,那么负载上将获得大约 $95\%u_o'$ 的输出。

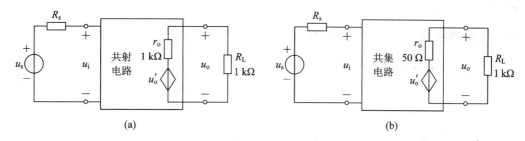

图 2-22　共集电极电路作多级放大器的输出级
(a) 共射极电路作输出级;(b) 共集电极电路作输出级

因此,利用输出电阻小的特点,放大器一般都采用共集电极电路作为输出级,在本书功率放大电路、集成运算放大器等多处都可以看到这样的例子。

3. 共集电极电路作缓冲级

在多级放大器中,共集电极电路也经常被用来隔离前、后级电路之间的相互影响,称为缓冲级。在图 2-23 所示的多级放大电路中,如果把第Ⅰ级与第Ⅲ级电路直接相连,由于第Ⅰ级的输出电阻和第Ⅲ级的输入电阻均为 1 kΩ,在信号的传递过程中,将有 50% 的信号白白损耗在第Ⅰ级的输出电阻上;若在两级间接入共集电极电路作为缓冲级,按图中给出的数据,第Ⅱ级得到约 490 mV、第Ⅲ级得到约 467 mV 的电压信号,这样大大减少了信号在传递中的损耗。

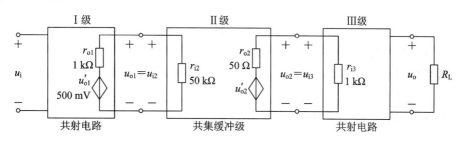

图 2-23　共集电极电路作缓冲级

因为共集电极电路是基极输入信号、发射极取出信号,所以,共集电极电路还具有较强的电流放大和功率放大作用。因此,共集电极电路还可以作为一种基本的功率输出电路,这将在第 6 章详细讨论。

思考题

1. 共集电极放大电路的电压放大倍数小于 1,所以,该电路形式在电子技术中没有使用价值。这种说法对吗？为什么？

2. 共集电极放大电路又叫做射极跟随器，指的是输出电压跟随还是电流跟随？

3. 共集电极电路主要有什么应用？

2.4 共基极放大电路

共基极放大电路是以基极作为输入、输出回路的公共端，从射极输入、集电极输出的放大电路。

2.4.1 共基极放大电路的组成与分析

共基极放大电路及其交流通路如图 2-24 所示。

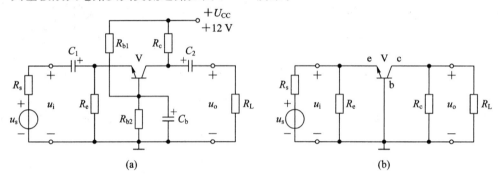

图 2-24 共基极放大电路

（a）共基极放大电路；（b）交流通路

类似地，可以计算出共基极放大电路的交流性能指标如下：

$$A_u = \frac{u_o}{u_i} = \beta \cdot \frac{R_c \ // \ R_L}{r_{be}} \qquad (2-30)$$

$$r_i = R_e \ // \ \frac{r_{be}}{1+\beta} \qquad (2-31)$$

$$r_o = R_c \qquad (2-32)$$

可以看出，共基极放大电路的电压放大倍数较大，输出和输入电压相位相同；输入电阻较小，输出电阻较大。由于共基极电路的输入电流和输出电流分别为发射极电流和集电极电流，所以电路的电流放大倍数小于 1 且近似为 1，因此共基极放大电路又叫做电流跟随器。共基极电路的高频性能较好，主要应用于高频电子技术中。

2.4.2 三种三极管基本放大电路的比较

通过对三极管三种组态电路的分析可知，共射极放大电路的电压、电流和功率的增益都较大，在低频电子技术中应用较广，多用于多级放大器的中间级，起到提高电压放大倍数的作用；共集电极电路利用它的输入电阻大，输出电阻小的特点，可以应用于多级放大器的输入级、输出级和缓冲级；而在宽频带或高频情况下，要求稳定性较好时，共基极电路就比较合适。

下面列出三种基本放大电路主要性能的比较，如表 2-1 所示，表中数据只是在标准的基本电路形式中得出的,如果电路的参数和电路形式发生变化,表中的数据也要进行相应的调整。

表 2 - 1　三极管三种基本放大电路的性能比较

特　　点	共射极电路 (无射极电阻)	共集电极电路	共基极电路
电压放大倍数	$A_u = -\beta \cdot \dfrac{R'_L}{r_{be}}$ 几十到一二百	$A_u = \dfrac{(1+\beta)R'_L}{r_{be}+(1+\beta)R'_L}$ 小于 1 且约等于 1	$A_u = \beta \cdot \dfrac{R'_L}{r_{be}}$ 几十到一二百
电流放大倍数	β 倍 几十到一二百	$(1+\beta)$ 倍 几十到一二百	小于 1 且约等于 1
功率放大倍数	大	中	中
输入电阻	约为 r_{be} 1 kΩ 左右 中	$R_b /\!/ [r_{be}+(1+\beta)R'_L]$ 几十到几百千欧姆 大	$r_i = R_e /\!/ \dfrac{r_{be}}{1+\beta}$ 几十欧姆,较小
输出电阻	约为 R_c 几到几十千欧姆 大	$r_o = R_e /\!/ \dfrac{R'_s + r_{be}}{1+\beta}$ 几十欧姆 小	约为 R_c 几到几十千欧姆 大
输出和输入电压相位	反相	同相	同相
应用	中间级	输入级、输出级或缓冲级	高频、宽频带电路及 恒流源电路

在实际应用中,还可以根据需要把三种组态适当组合,取长补短。比如共射-共基组合电路具有较好的频率特性,共集-共射组合可以提高输入电阻等。

思考题

1. 共基极放大电路有什么特点?
2. 三极管放大电路的三种组态各有什么特点? 适用于哪些场合?

2.5　场效应管放大电路

由于场效应管具有高输入电阻的特点,场效应管放大电路比较适用于多级放大器的输入级,尤其在信号源内阻较大时,采用场效应管放大电路有利于获得更多的输入电压信号。

单极型场效应管构成的放大电路和双极型三极管放大电路类似,在电路中,场效应管的源极、漏极和栅极分别相当于三极管的发射极、集电极和基极。场效应管放大电路也有三种组态:共源极放大电路、共漏极放大电路和共栅极放大电路,其特点分别和三极管放大电路中的共射极、共集电极、共基极放大电路类似。

与三极管放大电路一样，场效应管放大电路的分析过程也是先进行静态分析，确定合适的静态工作点，再进行动态分析，分析放大电路的电压放大倍数、输入和输出电阻等性能指标。

2.5.1 场效应管的直流偏置电路与静态分析

由于场效应管的输入电阻相当大，可以认为其栅极输入电流 $I_G \approx 0$，所以，场效应管需要分析的静态值只有三个：栅源电压 U_{GS}、漏极电流 I_D 和管压降 U_{DS}。

下面仅介绍最常用的场效应管直流偏置电路——分压式偏置电路，如图 2-25 所示。其中 R_s 为源极电阻，和三极管的射极电阻类似，具有稳定静态工作点的作用。C_1、C_2 为耦合电容，容值约为 $0.01 \sim$ 几 μF 之间。

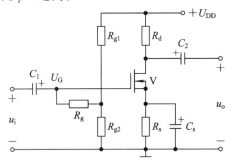

图 2-25 场效应管分压式直流偏置电路

和三极管分压式射极偏置电路类似，且由于栅极电阻 R_g 上没有电流（$I_G = 0$），因此可知栅源电压 U_{GS} 为

$$U_{GS} = U_G - U_S = \frac{R_{g2}}{R_{g1} + R_{g2}} \cdot U_{DD} - I_D \cdot R_s \qquad (2-33)$$

这种分压式偏置电路可根据电路参数的不同而选取不同的栅源偏置电压，栅源电压可正、可负可为零，适用于任何类型的场效应管放大电路，使用灵活方便。

2.5.2 交流分析

1. 场效应管的小信号等效模型

共源极接法的场效应管低频小信号等效模型如图 2-26(b)所示。

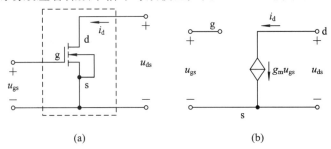

(a)   (b)

图 2-26 场效应管的小信号等效模型

（a）场效应管共源极双口网络；（b）小信号等效模型

　　由于场效应管的 r_{gs} 相当大,所以栅源之间等效为开路,输出回路等效为电压控制电流源,即 $i_d = g_m u_{gs}$,g_m 为场效应管的跨导。在交流分析中,要注意利用 u_{gs} 来联系输入和输出回路。

2. 场效应管放大电路的小信号等效电路分析

　　下面以共源极放大电路为例说明场效应管放大电路的分析方法。

　　共源极放大电路从场效应管的栅极输入信号,漏极取出信号,以源极作为输入和输出回路的公共端,共源极放大电路及其小信号等效电路分别如图 2-27(a)、(b)所示。

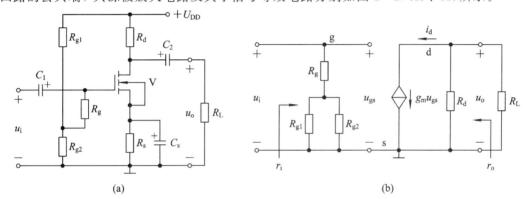

图 2-27　共源极放大电路
(a) 共源极放大电路;(b) 小信号等效电路

　　(1) 电压放大倍数。从图 2-27(b)的小信号等效电路可以看出

$$u_i = u_{gs}$$
$$u_o = -i_d(R_d \parallel R_L) = -g_m u_{gs}(R_d \parallel R_L)$$

故电压放大倍数为

$$A_u = \frac{u_o}{u_i} = -g_m(R_d \parallel R_L) \qquad (2-34)$$

　　(2) 输入电阻。

$$r_i = R_g + (R_{g1} \parallel R_{g2}) \qquad (2-35)$$

为了不使电路的输入电阻由于 R_{g1} 和 R_{g2} 的影响而降低太多,R_g 一般选几百千欧~10兆欧的较大电阻。

　　(3) 输出电阻。

$$r_o = R_d \qquad (2-36)$$

　　通过以上分析可知,共源极电路和共射极电路类似,具有较大的电压放大倍数,输入和输出电压信号反相,输出电阻由漏极电阻决定,不同的是由于场效应管本身的输入电阻很大,所以共源极电路的输入电阻也很大。

　　和三极管电路相似,共漏极电路是从管子的源极输出信号的,又称为源极输出器。电压放大倍数小于1且近似为1,也具有电压跟随的特点,输入电阻大,输出电阻小。

　　由于共栅极放大电路的输入电阻较小,不能发挥场效应管栅极和沟道之间的高阻特点,因此较少使用,这里不再介绍。

3. 三种场效应管基本放大电路的性能比较

　　三种场效应管放大电路的主要性能比较列于表 2-2。

表 2－2　场效应管三种基本放大电路的性能比较

特　点	共源极电路	共漏极电路	共栅极电路
电压放大倍数	较大	小于1，接近于1	较大
输入电阻	较大	较大	较小
输出电阻	主要由负载电阻 R_d 决定	较小	较大
输入、输出电压相位	反相	同相	同相
应用	提供放大能力	输出电阻较小，可作阻抗变换用	未利用场效应管的高阻，较少使用

最后指出，场效应管除了工作于饱和区作线性放大使用以外，如果使管子工作在可变电阻区，那么还可以把场效应管看作是受栅源电压 u_{GS} 控制的压控可变电阻。当 u_{GS} 改变时，管子可变电阻区输出特性的斜率随之改变，使场效应管漏源之间呈现出相应的可变电阻特性。

思考题

1. 场效应管小信号等效模型中的受控源为什么是电压控制电流源？

2. 为什么场效应管放大电路输入端的耦合电容比三极管放大电路的耦合电容要小得多？

小　结

1. 三极管基本放大电路有三种组态：共射极电路、共集电极电路和共基极电路。

2. 三极管工作在放大状态的条件是发射结正偏，集电结反偏。在放大状态，三极管具有放大（或受控）特性，即 $i_c = \beta i_b$。

3. 低频小信号电压放大电路的主要性能指标有电压放大倍数、输入电阻和输出电阻等。

输入电阻越大，放大电路从信号源获得的电压信号幅度越大；输出电阻越小，电路的带负载能力越强。

4. 放大电路的分析步骤分两步：静态（直流）分析和动态（交流）分析。静态分析的主要目的是为了确定晶体管的静态工作点，以保证晶体管工作在合适的放大区域，不会产生饱和失真和截止失真；动态分析的目的是为了确定放大电路的主要性能指标。

5. 小信号等效电路分析法适用于小信号时的动态分析，也就是把晶体管放在小信号工作范围内近似看成线性元件，利用管子的线性模型替代非线性元件对电路进行分析和近似计算的方法。小信号等效电路分析法，可以方便地计算放大器的放大倍数、输入电阻和输出电阻等指标。

6. 由于半导体材料的热敏性，在设置一个合理静态工作点的基础上，还必须保证静态工作点的稳定。接入射极电阻是最常用的方法之一，典型电路为分压式射极偏置电路。

7. 场效应管构成的基本放大电路有共源极、共漏极和共栅极三种电路组态：这三种组态的特点和相应的三极管放大电路类似，但由于场效应管栅源之间的等效电阻相当大，因此除共栅极电路外，其余两种电路的输入电阻均较大。场效应管三种电路组态的性能特点可参见表 2 - 2。

习　题

2.1　测得某放大电路的输入正弦电压和电流的峰值分别为 10 mV 和 10 μA，在负载电阻为 2 kΩ 时，测得输出正弦电压信号的峰值为 2 V。试计算该放大电路的电压放大倍数和电流放大倍数的大小，并分别用分贝（dB）表示。

2.2　当接入 1 kΩ 的负载电阻 R_L 时，电压放大电路的输出电压比负载开路时的输出电压下降了 20%，求该放大电路的输出电阻。

2.3　标明图 2-28 电路中静态工作电流 I_B、I_C、I_E 的实际方向；静态压降 U_{BE}、U_{CE} 和电源电压的极性；耦合电容和旁路电容的极性。

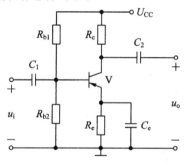

图 2 - 28　题 2.3 图

2.4　说明图 2 - 29 所示各电路对正弦交流信号有无放大作用，为什么？

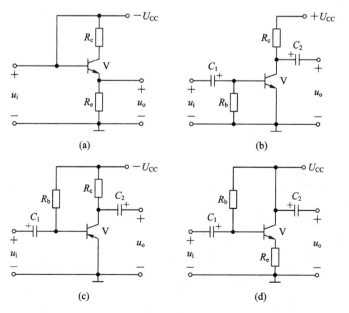

图 2 - 29　题 2.4 图

2.5 分压式射极偏置电路如图 2-30 所示。已知：$U_{CC} = 12$ V，$R_{b1} = 51$ kΩ，$R_{b2} = 10$ kΩ，$R_c = 3$ kΩ，$R_e = 1$ kΩ，$\beta = 80$，三极管的发射结压降为 0.7 V，试计算：

(1) 放大电路的静态工作点 I_C 和 U_{CE} 的数值；

(2) 将三极管 V 替换为 $\beta = 100$ 的三极管后，静态 I_C 和 U_{CE} 有何变化？

(3) 若要求 $I_C = 1.8$ mA，应如何调整 R_{b1}。

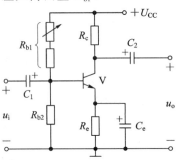

图 2-30 题 2.5 图

2.6 共发射极放大电路如图 2-31 所示。已知 $-U_{CC} = -16$ V，$R_b = 120$ kΩ，$R_c = 1.5$ kΩ，$\beta = 40$，三极管的发射结压降为 0.7 V，试计算：

(1) 电路的静态工作点；

(2) 若将电路中的三极管用一个 β 值为 100 的三极管代替，能否提高电路的放大能力，为什么？

2.7 某三极管共发射极放大电路的 u_{CE} 波形如图 2-32 所示，判断该三极管是 NPN 管还是 PNP 管？波形中的直流成分是多少？正弦交流信号的峰值是多少？

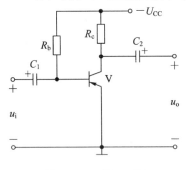

图 2-31 题 2.6 图

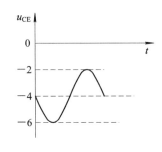

图 1-32 题 2.7 图

2.8 图 2-8(a)所示的共发射极放大电路的输出电压波形如图 2-33 所示。问：分别发生了什么失真？该如何改善？若 PNP 管构成的基本共发射极放大电路的输出波形如图 2-33 所示，发生的是什么失真？如何改善？

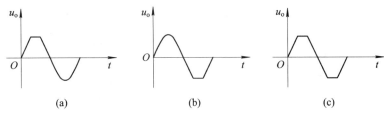

图 2-33 题 2.8 图

2.9　三极管单级共发射极放大电路如图 2-34 所示。已知三极管参数 $\beta=50$，并忽略三极管的发射结压降，信号源内阻 $R_s=1\ \text{k}\Omega$，其余参数如图中所示，试计算：

（1）放大电路的静态工作点；

（2）电压放大倍数和源电压放大倍数，并画出小信号等效电路；

（3）放大电路的输入电阻和输出电阻；

（4）当放大电路的输出端接入 6 kΩ 的负载电阻 R_L 时，电压放大倍数和源电压放大倍数有何变化？

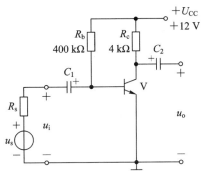

图 2-34　题 2.9 图

2.10　分压式偏置电路如图 2-35 所示，三极管的发射结电压为 0.7 V。试求放大电路的静态工作点、电压放大倍数和输入、输出电阻，并画出小信号等效电路。

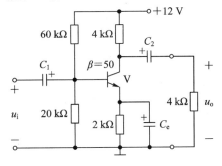

图 2-35　题 2.10 图

2.11　计算图 2-36 所示分压式射极偏置电路的电压放大倍数、源电压放大倍数和输入、输出电阻。已知信号源内阻 $R_s=500\ \Omega$，三极管的电流放大系数 $\beta=50$，发射结压降为 0.7 V。

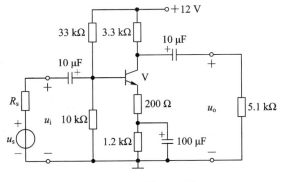

图 2-36　题 2.11 图

2.12 图 2-37 所示分压式偏置电路中的热敏电阻具有负温度系数，试判断这两个偏置电路能否起到稳定静态工作点的作用？

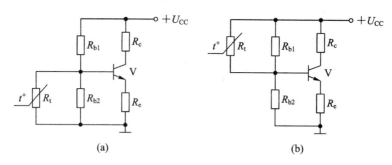

图 2-37 题 2.12 图

2.13 三极管放大电路如图 2-38 所示，已知三极管的发射结压降为 0.7 V，$\beta=100$，试求：

（1）静态工作点；

（2）源电压放大倍数 $A_{us1}=\dfrac{u_{o1}}{u_s}$ 和 $A_{us2}=\dfrac{u_{o2}}{u_s}$；

（3）输入电阻；

（4）输出电阻 r_{o1} 和 r_{o2}。

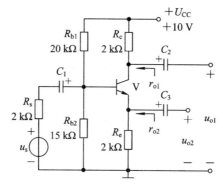

图 2-38 题 2.13 图

2.14 共集电极放大电路如图 2-39 所示。图中 $\beta=50$，$R_b=100$ kΩ，$R_e=2$ kΩ，$R_L=2$ kΩ，$R_s=1$ kΩ，$U_{CC}=12$ V，$U_{BE}=0.7$ V。

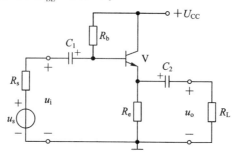

图 2-39 题 2.14 图

试求：

（1）画出小信号等效电路；

（2）电压放大倍数和源电压放大倍数；

（3）输入电阻和输出电阻。

2.15　共发射极放大电路如图 2 - 40 所示，图中 $\beta = 100$，$U_{BE} = 0.7$ V，$R_s = 1$ kΩ，$R_L = 6$ kΩ，C_1 和 C_2 为耦合电容，对交流输入信号短路。

（1）为使发射极电流 $I_E = 1$ mA，R_e 的值应取多少？

（2）当 $I_E = 1$ mA 时，若使 $U_C = 6$ V，R_c 的值是多少？

（3）计算电路的源电压放大倍数。

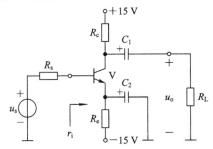

图 2 - 40　题 2.15 图

2.16　共源极场效应管放大电路如图 2 - 41 所示，已知场效应管工作点上的跨导 $g_m = 0.8$ ms，电路参数为 $R_{g1} = 300$ kΩ，$R_{g2} = 100$ kΩ，$R_g = 2$ MΩ，$R_{s1} = 2$ kΩ，$R_{s2} = 10$ kΩ，$R_d = 10$ kΩ，$C_s = 10$ μF，$C_1 = C_2 = 4.7$ μF，$U_{DD} = 18$ V。

试求：（1）电压放大倍数；

（2）输入电阻和输出电阻。

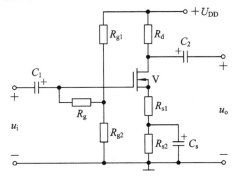

图 2 - 41　题 2.16 图

技　能　实　训

实训一　PNP 三极管基本放大电路的设计

一、技能要求

1. 熟悉三极管放大电路的构成以及电路中各元件的选择与连接；

2. 了解 PNP 管构成的放大电路与 NPN 管放大电路的异同。

二、实训内容

1. 设计一个用 PNP 管 3AX31 构成的共发射极基本放大电路，要求静态工作点可调；

2. 画出电路图，在图上标出耦合电容、电源电压的极性，选择电路参数的数值，在图上标出实际电压和电流的方向。

3. 估算出这个电路的静态工作点，校正所选电路参数是否合适。

实训二　分压式射极偏置放大电路稳定静态工作点能力的测试

一、技能要求

1. 熟悉分压式射极偏置电路的构成；

2. 熟悉三极管电路静态值的测量方法；

3. 验证分压式射极偏置电路稳定静态工作点的作用。

二、实训内容

1. 利用硅 NPN 三极管 3DG6，选择合适的电路参数分别搭接共发射极固定偏置和分压式射极偏置放大电路；

2. 分别测试两个电路的静态工作点；

3. 用电烙铁烘烤(不要接触管子)使两个电路中的三极管温度升高，并监测集电极电流 I_C 和管压降 U_{CE} 的变化，根据实验现象说明原因。

实训三　共发射极放大电路的调测

一、技能要求

1. 熟悉三极管放大电路的构成，能够进行简单的故障分析；

2. 理解三极管静态工作点的概念以及在实际调测中如何调整静态工作点的方法；

3. 了解出现非线性失真的原因及消除方法。

4. 了解交流信号的观测方法，熟悉低频信号发生器和双踪示波器的使用方法。

5. 会用示波器观察共射极电路输出电压和输入电压间的幅度和相位关系。

二、实训内容

1. 按图 2-42(a)搭接硅 NPN 管 3DG6 构成的共射极放大电路，测试前考虑图中实验仪器与放大电路的正确连接方法。

2. 调节电位器 R_p 的大小，使管压降为 6 V，测量三极管的发射结导通压降；

3. 用万用表的电流挡测量静态基极电流和集电极电流(在测量前先考虑分别使用什么挡位进行测量)；

4. 回答问题：

(1) 电路搭接好后，首先要测量三极管的静态参数，如果测得管压降 $U_{CE} \approx 12$ V，说明电路处于什么状态？分析出现这种现象可能的几种原因。

（2）如果测得 $U_{CE} \approx 0$ V，说明电路处于什么状态？分析出现这种现象可能的几种原因。

（3）电阻 R_{b1} 有什么作用？

（4）为什么说在这个电路中，管压降为 6 V 时最不容易出现失真？若在不失真的情况下，欲降低电路的静态工作点，应如何调节电位器 R_p？

（5）如果用示波器观察到放大器的输出波形如图 2-42(b) 所示，电路出现了什么失真？如何消除？

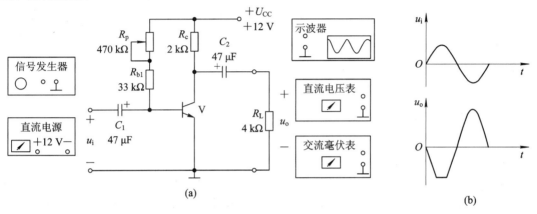

图 2-42 基本共发射极放大电路的调测

（a）实训电路图；（b）输入和输出波形

5. 用低频信号发生器给放大电路输入频率 1 kHz、有效值 20 mV 的正弦信号。

（1）利用双踪示波器观察输入电压波形和输出电压波形之间的幅度、相位关系；

（2）利用示波器的读数或交流毫伏表的测量值，估算电压放大倍数。

第3章　集成运算放大器

第2章讨论的各种放大电路是将晶体管、电阻、电容等分立元件用导线连接而构成的，称为分立件放大电路。在实际应用中，广泛使用一种集成的放大电路——集成运算放大器，简称集成运放，它是模拟集成电路的一种，具有很高的各项性能指标，使用十分方便。

本章主要讨论集成运算放大器的特点、集成运放的基本单元电路、集成运放的组成等。

3.1　概　　述

集成电路是20世纪60年代初发展起来的一种新型器件。它把整个电路中的各个元器件以及器件之间的连线，采用半导体集成工艺同时制作在一块半导体芯片上，再将芯片封装并引出相应管脚，做成具有特定功能的集成电子线路。与分立件电路相比，集成电路实现了器件、连线与系统的一体化，外接线少，具有可靠性高、性能优良、重量轻、造价低廉、使用方便等优点。因此，集成电路得到迅速发展并在实践中获得广泛应用。

一般，集成电路可以分为模拟集成电路和数字集成电路两大类。

模拟集成电路是对连续变化的模拟信号进行处理的集成电路，按照功能分，常用的有集成运算放大器、集成功率放大器、模拟乘法器、集成稳压器等等，在众多的模拟集成电路中，集成运算放大器应用极为广泛。

集成运放实质上是一个多级直接耦合的高电压放大倍数的放大器，具有输入电阻大、输出电阻小的特点。由于集成运放在发展的初期主要用于加、减、乘、除、积分、微分等各种数学运算，故至今仍保留这个名称。随着电子技术的发展，在控制、测量、仪表等诸多领域中，集成运放都发挥着重要作用，可以说，集成运放已成为当前模拟电子技术领域中的核心器件。

与分立元件放大电路相比，集成运算放大电路除了体积小、元件高度集成外，在电路设计上还有以下特点。

1) 电路结构与元件参数具有对称性

由于集成电路芯片上的所有元件是在同一块硅片上用相同工艺过程制造的，因而参数具有同向偏差，温度特性一致，特别适用于制造对称性较高的电路，比如制造两个特性一致的晶体管或两个阻值相同的电阻等。

2) 采用有源电阻代替无源电阻

由于集成度的要求，由硅半导体体电阻构成的电阻阻值范围受到限制，一般只能在几十到几十千欧之间，不易制造过高或过低阻值的电阻，且阻值误差较大。所以，集成电路中一般采用晶体管恒流源来代替所需高阻值电阻，也就是采用有源电阻形式。

3）采用直接耦合的级间连接方式

集成电路工艺不适于制造较大容量的电容，制造电感器件就更加困难。因此，集成电路中大都没有耦合电容，而是在级与级之间采用导线直接相连的直接耦合方式。

4）利用二极管进行温度补偿

集成电路中，一般把三极管的集电极和基极短接，利用三极管的发射结作二极管使用。这样构成的二极管其正向压降的温度系数与同类型三极管发射结压降的温度系数一致，作温度补偿效果较好。

5）采用复合管的结构

因为复合管的制造十分方便，性能又好，集成电路中经常使用具有复合管的电路形式。

模拟集成电路种类繁多，功能各异，但内部结构大同小异，基本上具有上述电路特点。

3.2　集成运算放大器的基本单元电路

各类型集成运算放大器的基本结构相似，主要都是由输入级、中间级、输出级以及偏置电路等单元电路组成，如图 3-1 所示。输入级一般由可以抑制零点漂移的差分放大电路组成；中间级的作用是获得较大的电压放大倍数，可以由我们熟悉的共射极电路承担；输出级要求有较强的带负载能力，一般采用射极跟随器；偏置电路的作用是供给各级电路合理的偏置电流。本章将对输入级——差分放大电路、偏置电路——电流源电路和输出级电路的组成和基本原理加以讨论。

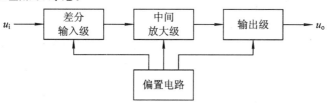

图 3-1　集成运算放大器的基本单元电路

差分放大电路是一种具有两个输入端且电路结构对称的放大电路，其基本特点是只有两个输入端的输入信号间有差值时才能进行放大。也就是说差分放大电路放大的是两个输入信号的差，故而得名。图 3-2 中的输出电压可以表示为 $u_o = A_{ud}(u_{i1} - u_{i2})$，其中 A_{ud} 叫做差分放大电路的差模电压放大倍数。

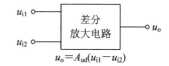

图 3-2　差分放大电路输出与输入的关系

3.2.1　差分放大电路

1. 为什么选用"差分"的电路形式

选用电路结构对称的差分放大电路作为集成运算放大器的输入级主要是它能有效地抑制直接耦合电路中的零点漂移，又具有多种输入、输出方式，使用方便。而且制作对称电路也是集成电路的工艺优势。

由于集成电路级与级之间大多采用的是直接相连的耦合方式，这种方式缺少了耦合电容的"隔直"作用，使得放大电路前后级之间的工作点互相联系、互相影响。直接耦合的多级电路必然带来"零点漂移"的问题。

所谓零点漂移，就是放大电路在没有输入信号时，由于电源波动、温度变化等原因，使放大电路的工作点发生变化，这个变化量会被直接耦合放大电路逐级加以放大并传送到输出端，使输出电压偏离原来的起始点而上下漂动，导致"零入不零出"。放大器的级数越多，放大倍数越大，零点漂移的现象就越严重。例如在图 3-3 中有三级直接耦合放大电路，每一级的电压放大倍数为 30，在没有输入信号时，因某种原因使第一级的静态工作点在输出端产生 0.01 V 的微弱变化，这种变化对于有耦合电容隔直的阻容耦合放大器来说，不会传递到下一级，但对于直接耦合放大电路来说，它相当于第二级的输入信号，被第二级放大后接着又被第三级放大，结果在输出端达到 9 V 的电压输出，表现在输出端可能是一种幅值相当大并且变化缓慢而又毫无规律的信号。这时，即使放大器的输入端加入了有用输入信号，该有用信号所产生的真正输出也被淹没在杂乱的漂移信号之中。因此，零点漂移的出现是不允许的。

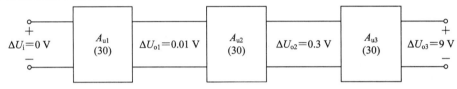

图 3-3　直接耦合放大电路的零点漂移

所以，直接耦合集成放大器为了消除零点漂移，大都采用差分放大电路，简称"差放"。

2. 基本差分放大电路的结构

要想实现"有差能动"，可以用我们非常熟悉的两个完全相同的共发射极放大电路构成最简单的差分放大电路，如图 3-4 所示。两边电路参数相同，这种对称电路的设计，在集成电路的制造工艺中是非常容易实现的。

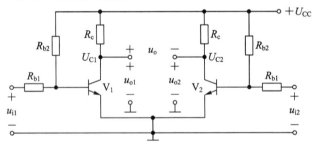

图 3-4　基本差分放大电路构成原理

从图 3-4 中可以看出：

第一，差分放大电路有两个信号输入端，当两个输入信号均不为 0 时，称为双端输入方式，简称双入；

第二，输出信号 u_o 取自左右两边两个放大电路的集电极电压之差，这种从两管的集电极之间取输出电压信号的输出方式叫做双端输出，简称双出；

第三，当两个输入端输入信号相同时，由于电路的对称性，两个三极管的集电极电位完全相同，所以输出电压 u_o 为 0。

由于零点漂移[①]主要是温度变化引起的,而温度的变化对于左右的两个放大电路的影响是一致的,相当于给两个放大电路同时加入了大小和极性完全相同的输入信号。因此,在电路特性完全对称的情况下,两管的集电极电位始终相同,差分放大电路的输出为 0,不会出现普通直接耦合放大电路那样的漂移电压,这就是为什么差分放大电路能够抑制零点漂移的原因。因此,差分放大电路特别适用于作多级直接耦合放大电路的输入级。

当然,上述分析必须建立在电路良好对称的基础上,电路的对称性越差,输出信号中含有的漂移电压分量就会越大。而完全对称的情况并不存在,所以,仅靠提高电路的对称性来抑制零点漂移是有限度的。另外,上述电路仅抑制了两管之间电压差值的漂移,对两个单管本身的集电极电位的漂移并未加以抑制,如果仅需取该电路的一个三极管集电极对地的电压信号作为输出的话,漂移根本无法抑制。因此,在实际应用中,通常在图 3-4 中再加入发射极电阻 R_e 和负电源 $-U_{EE}$,如图 3-5 所示。由于 U_{CC}、$-U_{EE}$ 和射极电阻 R_e 已经可以为两管提供合适的静态工作点,所以就去掉了基极偏置电阻。

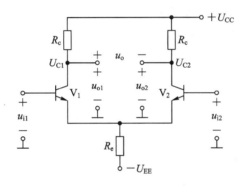

图 3-5　典型基本差分放大电路

3. 基本差分放大电路的静态分析

由于两管静态参数完全相同,所以流过 R_e 的电流是 V_1、V_2 两管发射极电流之和,即

$$U_{EE} = U_{BE} + 2I_E R_e$$

所以,静态射极电流为

$$I_E = \frac{U_{EE} - U_{BE}}{2R_e} \tag{3-1}$$

静态管压降为

$$U_{CE} = U_{CC} + U_{EE} - I_C R_c - 2I_E R_e \tag{3-2}$$

因为电路参数对称,故静态时两管集电极对地电位 $U_{C1} = U_{C2}$,两集电极间电位差为零,即输出电压 $u_o = U_{C1} - U_{C2} = 0$。

4. 基本差放电路的动态分析

在实际使用中,加在差分放大电路两个输入端的输入信号 u_{i1} 和 u_{i2} 是任意的,我们首先用式(3-3)来定义差模信号 u_{id} 和共模信号 u_{ic} 两个基本概念,即

---

① 又称为温度漂移。

$$\begin{cases} u_{\text{id}} = u_{\text{i1}} - u_{\text{i2}} \\ u_{\text{ic}} = \dfrac{u_{\text{i1}} + u_{\text{i2}}}{2} \end{cases} \qquad (3-3)$$

从式(3-3)可以得出用差模信号 u_{id} 和共模信号 u_{ic} 表示的两个输入电压信号的表达式：

$$\begin{cases} u_{\text{i1}} = +\dfrac{1}{2}u_{\text{id}} + u_{\text{ic}} \\ u_{\text{i2}} = -\dfrac{1}{2}u_{\text{id}} + u_{\text{ic}} \end{cases} \qquad (3-4)$$

式(3-4)说明：任意一对输入信号都可以看成是一对大小相等、方向相反的差模信号与一对大小相等、方向相同的共模信号的叠加。因此有

$$u_{\text{o}} = A_{\text{ud}} \cdot u_{\text{id}} + A_{\text{uc}} \cdot u_{\text{ic}} \qquad (3-5)$$

式(3-5)中的 A_{ud} 定义为差模电压放大倍数，是差模输出电压 u_{od} 与差模输入电压 u_{id} 的比值；A_{uc} 定义为共模电压放大倍数，为共模输出电压 u_{oc} 与共模输入电压 u_{ic} 的比值。

差模电压放大倍数 A_{ud} 越大，电路的差模放大能力越强；共模电压放大倍数 A_{uc} 越小，电路抑制共模信号的能力越强。差分放大电路对零点漂移的抑制，就是对共模信号的抑制。因为引起零点漂移的温度变化对差分电路两个对管的影响相同，相当于输入了一对共模信号。

1) 差模输入时的动态分析

差模输入时，图3-5中流过 R_{e} 的交流电流 i_{e1} 和 i_{e2} 大小相等、方向相反，理想情况下，R_{e} 两端的交流压降为0，R_{e} 在交流分析时相当于短路，计算时不再考虑。根据共发射极电路电压放大倍数的计算公式，可得双端输出时的差模电压放大倍数为

$$A_{\text{ud}} = \frac{u_{\text{od}}}{u_{\text{id}}} = \frac{u_{\text{o1}} - u_{\text{o2}}}{u_{\text{i1}} - u_{\text{i2}}} = \frac{2u_{\text{o1}}}{2u_{\text{i1}}} = \frac{u_{\text{o1}}}{u_{\text{i1}}} = -\beta \cdot \frac{R_{\text{c}}}{r_{\text{be}}} \qquad (3-6)$$

式(3-6)说明，差分放大电路双端输出时的差模电压放大倍数和单边电路的电压放大倍数相同。可见，差分放大电路为了实现同样的电压放大倍数，必须使用两倍于单边电路的元器件数，但是换来了对零点漂移，或者说共模信号的抑制能力。

请思考：在两个三极管的集电极之间接入负载后，差模电压放大倍数的公式是怎样的？

另外，双端输入时的差模输入电阻 $r_{\text{id}} = 2r_{\text{be}}$，双端输出时的输出电阻 $r_{\text{o}} = 2R_{\text{c}}$。

2) 共模输入时的动态分析

理想情况下，双端输出时的共模电压放大倍数为0。

值得注意的是：射极电阻 R_{e} 对差模输入信号不起负反馈作用，不影响差模放大的效果。而对于共模信号，由于 V_1、V_2 的发射极电流大小、方向均相同，不能相互抵消，因此，R_{e} 越大，对共模信号的负反馈作用就越强，抑制漂移的效果就越好。

为综合描述差放抑制共模、放大差模的能力，定义差模电压放大倍数与共模电压放大倍数比值的大小为共模抑制比 K_{CMRR}，即

$$K_{\text{CMRR}} = \left| \frac{A_{\text{ud}}}{A_{\text{uc}}} \right| \qquad (3-7)$$

K_{CMRR} 越大，差分放大电路的性能越好。为了方便，也常用分贝(dB)的形式表示。

5. 差放电路的四种输入、输出形式

根据输入输出形式的不同，差分放大电路可以有双入双出、双入单出，单入单出和单入双出四种形式。

单端输入可以看成是双端输入时两个输入信号中有一个为 0 时的特例，各种指标的计算和双入时相同；单端输出时可任取 u_{o1} 或 u_{o2} 作为输出，输出信号与输入信号之间的相位关系也就不同。单端输出时的电压放大倍数只有双端输出时的一半。

$$|A_{ud1}| = \frac{1}{2} \frac{\beta R_c}{r_{be}} \tag{3-8}$$

至于单端输出时的共模电压放大倍数，由于没有了对管的抵消作用，比双端输出时要大，这意味着共模抑制能力有所下降，但由于射极电阻的负反馈作用，仍具有较强的抑制共模能力。

例 3-1 图 3-6 是采用恒流源替代射极电阻 R_e 的改进型差分放大电路。图中的三极管 V_3 构成了单管恒流源，为了使 V_3 管的集电极电流更加稳定，采用了由 R_{b31}、R_{b32} 和 R_e 构成的分压式偏置电路。因为恒流源的内阻较大，可以得到较好的共模抑制效果，同时利用恒流源的恒流特性，给三极管提供更稳定的静态偏置电流。电位器 R_p 是调平衡用的，用以微调对管的不对称。双入双出的差分放大电路参数为：$\beta_1 = \beta_2 = \beta_3 = 50$，$U_{CC} = U_{EE} = 9$ V，$R_c = 4.7$ kΩ，$R_{b31} = 10$ kΩ，$R_{b32} = 3.3$ kΩ，$R_{b1} = R_{b2} = 1$ kΩ，$R_e = 2$ kΩ，$R_p = 220$ Ω 且动端在中点，三极管发射结导通压降为 0.7 V，电流源电流 $I = 2$ mA。求：(1) 静态集电极电位 U_{C1}；(2) 差模电压放大倍数。

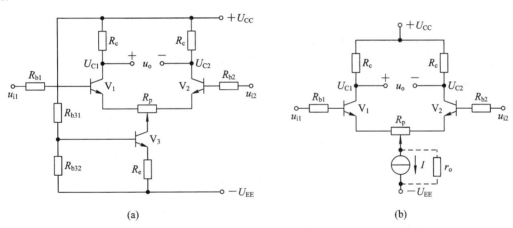

图 3-6 例 3-1 的电路图

(a) 带恒流源的差分放大电路；(b) 简化表示方法

解 (1) 静态分析。由于电路对称，有

$$I_{C1} = I_{C2} = \frac{I_{C3}}{2} = \frac{I}{2} = 1 \text{ (mA)}$$

所以，两管的集电极电位为

$$U_{C1} = U_{C2} = U_{CC} - R_c \times I_C = 9 - 4.7 \times 1 = 4.3 \text{ (V)}$$

(2) 差模电压放大倍数。由于差模输入时，R_P 的中点电位为 0，由带射极电阻的共发射极放大电路的交流分析结果可得差模电压放大倍数为

$$A_{ud} = -\frac{\beta R_c}{R_{b1} + r_{be1} + (1+\beta)\dfrac{R_p}{2}} \approx -28.7$$

其中

$$r_{be1} = 300 + (1+50) \times \frac{26}{1} \approx 1.6 \ (k\Omega)$$

"差分"的概念不仅仅用于集成运算放大器的输入级,在电子技术中经常会遇到"差分"的应用,因为"差分"电路设计均具有抑制共模干扰的能力,而在实际电子电路中,共模形式的干扰是十分常见的。

共集-共基复合差分放大电路如图 3 - 7 所示,采用高性能的纵向 NPN 管与用集成技术制作的横向 PNP 管组成一个互补的相当于高性能 PNP 管的复合管。图中纵向 NPN 管 V_1 和 V_2 是基极输入、射极输出,组成共集电极电路,可以提高输入阻抗。横向 PNP 管 V_3 和 V_4 则组成射极输入、集电极输出的共基极电路,有利于提高输入级的电压放大倍数、最大差模输入电压和最大共模输入电压范围,同时可以改善频率响应。在需要 PNP 管输入级与提高输入电阻时,可采用此种电路形式。

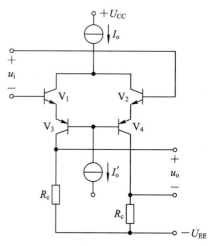

图 3 - 7　共集-共基复合差分放大电路

综上所述,我们可以得到如下结论:

(1)差分放大电路具有放大差模、抑制共模的能力,因此,在普遍采用直接耦合的集成运算放大器中,广泛采用差分放大电路作为输入级,以起到抑制零点漂移的作用。差分放大电路结构对称,使用了两倍于单管放大电路的元件,得到的差模电压放大倍数与单管放大电路相同,牺牲了元件数量,获得了抑制共模信号的能力。

(2)差分放大电路的射极电阻不影响差模信号的放大,但射极电阻越大,抑制共模的能力越强。因此,一般采用恒流源电路来替代射极电阻,以获得较好的共模抑制能力。

(3)差分放大电路各有两种输入、输出形式,可以组合成四种典型电路,它们具有不同的特点,在实际应用中可根据需要选择合适的电路形式。

思考题

1. 集成运算放大器为什么要选用"差放"的电路形式?

2. 差分放大电路中的发射极电阻有什么作用?是不是越大越好?

3. 差分放大电路能够抑制温度漂移的本质是什么?

4. 在差分放大电路中采用恒流源有什么好处?

3.2.2　电流源电路

在集成运算放大器中,电流源电路对提高放大器的性能起着十分重要的作用,是模拟集成电路中广泛使用的单元电路之一。电流源主要有两方面的作用:一是为各级电路提供稳定的直流偏置电流；二是利用电流源的大动态电阻作为有源负载，以提高单级放大电路的电压放大倍数，也可以作为差分放大电路的射极电阻，提高对共模信号的抑制能力。

1. 基本电流源电路

1）镜像电流源

基本镜像电流源如图 3-8 所示。

由于 V_1 和 V_2 是特性完全相同的对管，并且二者的发射结偏置电压相同，因此可以认为两管的参数完全相同，例如 $I_{B1} = I_{B2}$，$I_{C1} = I_{C2}$ 等。从图中可得

$$I_{REF} = I_{C1} + I_{B1} + I_{B2} = I_{C1} + 2\frac{I_{C1}}{\beta}$$

$$= I_{C2} + 2\frac{I_{C2}}{\beta} = I_o + 2\frac{I_o}{\beta}$$

所以

$$I_o = I_{REF}\frac{1}{1 + \dfrac{2}{\beta}} \tag{3-9}$$

图 3-8　基本镜像电流源

式中 I_{REF} 为参考电流。当 β 足够大时，输出电流 I_o 近似等于参考电流 I_{REF}，即

$$I_o = I_{C1} \approx I_{REF} = \frac{U_{CC} - U_{BE}}{R} \tag{3-10}$$

由上式可以看出，当 R 确定后，I_{REF} 就确定了，输出电流 I_o 也随之确定。同样，如电路左边不加固定电压 $+U_{CC}$，而让该点电位浮动，则改变输出电流 I_o 时，I_{REF} 也作相应改变，此时 I_o 为参考电流，I_{REF} 为输出电流。可见，I_{REF} 与 I_o 互为镜像，所以把这种电流源叫做镜像电流源。若希望获得相反方向的输出电流，可用 PNP 管构成电流源。

2）电流源作有源负载

由于电流源的交流电阻很大，因此，集成电路中广泛使用恒流源作为负载。因为这种负载是用有源的晶体管构成的，因此叫做有源负载。图 3-9(a) 中，V_2 和 V_3 以及电阻 R 构成 PNP 管镜像电流源，作为共发射极形式连接的放大管 V_1 的集电极有源负载，图 (b) 是它的等效电路。电流 I_{C2} 约等于参考电流 I_{REF}。图中的电流源起了两个作用，一是给放大管 V_1 提供静态工作电流，二是以电流源的交流电阻 r_o 替代集电极负载电阻 R_c。由于电流源的交流电阻很大，可以使共发射极电路的电压放大倍数达到 10^3 甚至更高。

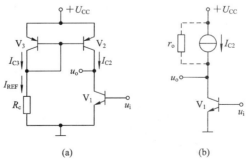

图 3-9　电流源作有源负载

(a) PNP 电流源作 NPN 管的有源负载；(b) 等效电路

电流源也可以作为射极负载使用。

2. 微电流源

在集成电路中，有时需要微安级的小电流，如果利用基本镜像电流源实现，就必须提高电阻 R 的阻值，而大电阻的制作在集成电路中非常困难。为解决这个问题可以采用图3-10 所示的微电流源电路。与基本镜像电流源相比，在 V_2 的发射极接入电阻 R_{e2}，由图中可知，当参考电流 I_{REF} 一定时，可确定 I_o 如下：

$$U_{BE1} - U_{BE2} = \Delta U_{BE} = I_{E2} R_{e2}$$

所以输出电流为

$$I_o = I_{C2} \approx I_{E2} = \frac{\Delta U_{BE}}{R_{e2}} \tag{3-11}$$

由于两个三极管发射结电压之差 ΔU_{BE} 是一个较小的数值，因此利用不大的 R_{e2} 就可以获得较小的恒流输出，故称为微电流源。

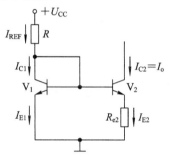

图 3-10 微电流源

3.2.3 输出级电路

集成运算放大电路的输出级应具有高输入电阻、低输出电阻的特性。高输入电阻可以减小输出级对前级的影响，低输出电阻可以提高整个电路的带负载能力。同时，输出级还应向负载输出一定的功率并尽量较少损耗，从这几点考虑，一般采用互补对称形式的共集电极电路，也就是射极跟随器来做输出级。

1. 输出级电路

单管射极跟随器静态时必须工作于放大区，三极管的静态集电极电流不为 0，所以导致管耗增加，效率降低。为了解决这一问题，采用了图 3-11 所示的互补对称输出级电路。在这个电路中，有两个互补的三极管 NPN 管 V_1 和 PNP 管 V_2，V_1 和 V_2 的特性尽可能相同，并均接成射极跟随器的形式。

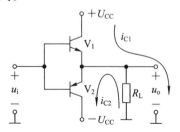

图 3-11 共集电极互补对称输出级

由于没有基极偏置,静态时两管均处于截止状态,输出电压 u_o 为 0。此时两管各电极静态电流约为 0,只有很小的穿透电流流过,因此静态损耗极小,提高了输出级的效率。

当输入正弦信号正半周时,若忽略 V_1 管的导通压降,则 V_1 导通、V_2 截止,电源 $+U_{CC}$ 通过 V_1 管输出电流 i_{C1} 流过负载电阻 R_L,在负载上产生正半周的输出电压;当输入正弦信号负半周时,V_1 截止、V_2 导通,电源 $-U_{CC}$ 通过 V_2 管输出电流 i_{C2},i_{C2} 在 R_L 上的方向与 i_{C1} 相反,所以负载上得到负半周的输出电压,最终在负载上合成一个完整的正弦波周期。在这个电路中,V_1 和 V_2 分别负责正、负半周信号的输出,互相补充又互相对称,所以该电路被称为互补对称输出级[①]。

需要注意的是:实际的晶体三极管都有死区,对于硅管来说,当输入信号较小,大约在 $-0.5 \sim +0.5$ V 之间时,两个三极管全处于截止状态,没有输出。只有当输入信号的幅值大于 0.5V 以后,三极管才逐渐导通。因此输出波形在输入信号零点附近的范围出现失真,叫做交越失真,如图 3-12 所示。

为克服交越失真,可采用图 3-13 所示的改进型互补对称输出级电路,其基本原理是利用 PN 压降、电阻或其他元器件压降给两个三极管的发射结加上正向偏置电压,这个压降的值应等于或稍大于三极管的导通压降,使两个三极管在没有信号输入时已经处于微微导通状态。这样,较小的输入信号也可以通过三极管输出到负载上,从而消除了交越失真。由于三极管仅处于微导通状态,静态电流仍然是一个相当小的数值,功率损耗只是略有增加,效率仍接近原来的互补对称输出级电路。

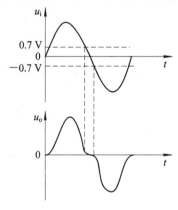

图 3-12 交越失真

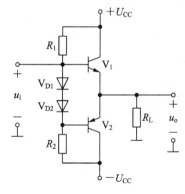

图 3-13 改进型互补对称输出级电路

2. 采用复合管的输出级结构

为了对输入正弦信号的正负半周有相同的放大能力,要求互补的 NPN 和 PNP 三极管的参数尽可能对称。但实际上,要使一对异型管特性相近,小功率管还比较容易做到,而对于大功率管来说,就相当困难。要想解决这一矛盾,必须采用复合管的形式。

所谓复合管就是由两个或三个三极管复合在一起完成一个三极管的功能,从而得到较高的电流放大系数或获得其他性能的改善。复合管通常由一个中小功率管和一个大功率管

[①] 在第 6 章的功率放大电路中,互补对称输出级也叫做乙类双电源互补对称功率放大电路,具体的分析计算参见第 6 章相关章节。

复合而成。如图 3-14 所示。

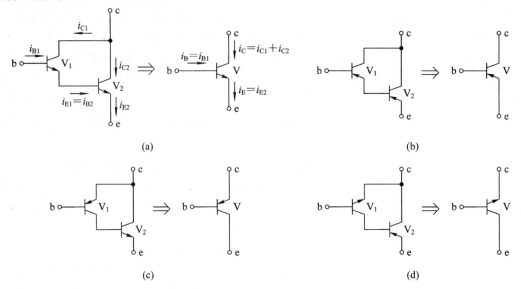

图 3-14 几种典型复合管复合形式

(a)、(d) 等效为 NPN 管；(b)、(c) 等效为 PNP 管

同型或异型的管子都可以参与复合，但复合后的管子类型一定和第一只管子相同，复合管的电流放大系数约等于两管电流放大系数之积。

参与复合的管子电流间要构成正确流通途径，比如图 3-14(a)中将 V_1 的发射极电流作为 V_2 的基极输入电流。只有这样，在复合管受到正确偏置时，复合管中的每一个管子才能正常工作以保证整个复合管的正常工作，图 3-15 给出了一个复合错误的例子。

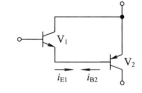

图 3-15 错误复合的例子

思考题

1. 集成运算放大器中为什么普遍使用电流源形式？电流源主要可以用于哪些方面？

2. 由于互补对称输出级有交越失真发生，所以采用了图 3-13 所示的改进型互补对称输出级电路，还有什么元件可以用于使输出管微导通？其电路形式是什么样的？

3.2.4 MOS 集成运算放大器中的主要单元电路

1. MOS 集成运放的主要特点

MOS 集成运算放大器的组成和双极型集成运算放大器基本相同，各部分电路结构及作用也相似，只不过 MOS 集成工艺主要适用于制造数字集成电路，对于模拟集成电路来说，在性能上和双极型运放相比还有一定的差距。但由于 MOS 集成运放具有制造工艺简单、集成度高、功耗低以及温度特性好等优点，随着集成制造工艺的发展，这些优势已经逐渐显现，特别是和双极型电路系统集成在一起，取长补短，可以获得更好的性能指标。例如，采用 MOS 场效应管输入级就可以大大提高集成运算放大器的输入电阻，制成高输入阻抗的集成运放。

　　MOS 集成运算放大器主要有 NMOS 和 CMOS 两种类型。NMOS 集成运放全部由 N 沟道 MOS 管构成,具有工艺简单、集成度高的优点。CMOS 集成运放是互补的 MOS 电路,由互补的 NMOS 管和 PMOS 管构成,具有设计灵活、低功耗等特点。

2. MOS 集成运放中的基本单元电路

　　MOS 集成运算放大器也由差分输入级、中间级、输出级和偏置电路几部分组成。

1）MOS 管差分输入级电路

　　采用输入电阻很高的 MOS 管构成差分放大电路输入级可以获得极高的输入电阻,图 3-16 所示为双入单出的 CMOS 差分输入级,其中 NMOS 管 V_1 和 V_2 为差放工作管; PMOS 管 V_3 和 V_4 组成镜像电流源,作为 V_1 和 V_2 的有源负载; V_5 为单管电流源,为差放管提供偏置电流。

2）MOS 管基本镜像电流源

　　基本场效应管镜像电流源如图 3-17 所示。因为 MOS 管的栅极不取电流,在 V_1 和 V_2 对称的条件下,有 $I_o = I_{REF}$。

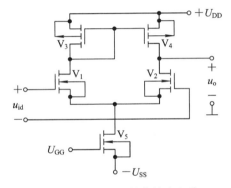 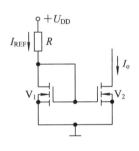

图 3-16　CMOS 差分放大电路　　　　　　图 3-17　MOS 管基本镜像电流源

思考题

　　MOS 管差分放大电路和三极管差分放大电路相比有什么特点?

3.3　多级放大电路

　　一般来说,单级放大电路并不能同时满足多个性能指标的要求,比如同时具有高输入电阻、低输出电阻、高电压放大倍数以及抑制零点漂移的能力等。因此,实际的放大器都是由若干单级放大电路连接而成的,前级是后级的信号源,后级是前级的负载,多级放大电路的方框图如图 3-18 所示。集成运算放大器实质上就是一个直接耦合的高电压放大倍数的多级放大电路。

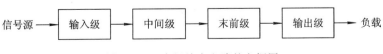

图 3-18　多级放大电路的方框图

3.3.1 多级放大电路的耦合方式

多级放大电路级间信号的传递叫做耦合，耦合方式就是级间的连接方式，一般有阻容耦合、直接耦合、变压器耦合、光电耦合等。

1. 阻容耦合

多级放大电路级与级之间采用耦合电容相连的方式叫做阻容耦合。图 3 - 19 所示为阻容耦合的两级放大电路，电路中的信号源、第一级放大电路、第二级放大电路和负载之间分别采用三个耦合电容相连，起到"隔直通交"的作用。

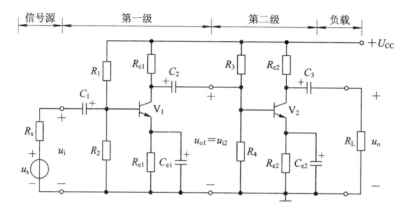

图 3 - 19　两级阻容耦合放大电路

阻容耦合结构简单、体积小、成本低、频率特性好，特别是电容的隔直作用，可以防止级间静态工作点的互相影响，基本上抑制了零点漂移现象的出现。由于阻容耦合电路各级静态工作点相互独立，无论是设计、分析还是使用，都十分方便，所以阻容耦合应用十分广泛。

但阻容耦合电路也有其局限性，耦合电容的容抗对频率较低的输入信号有相当的衰减，特别对缓慢变化的信号几乎不能进行耦合。另外在集成电路中难于制造大容量的电容，因此，阻容耦合方式在集成电路中几乎无法应用。所以，阻容耦合主要用于分立元件的多级放大电路。

2. 直接耦合

把前一级的输出端和后一级的输入端直接相连的级间耦合方式叫做直接耦合，图 3 - 20 所示为两级直接耦合放大电路。

直接耦合方式中信号的传输不经过电抗元件，所以频率特性好，可以放大频率很低的信号或直流信号，并且便于集成，因此，直接耦合方式在集成运算放大器或直流放大器中应用较多。但直接耦合使各级电路的静态工作点不再相互独立，不仅使放大器的设计和调试变得相对复杂，还容易引起漂移。简单地把两个基本放大电路直接连接起来，放大器将不能正常工作，必须采取适当的措施来保证两级电路都有合适的静态工作点。图 3 - 20 中 V_2 射极电阻 R_{e2} 的接入就是为了抬高后级电路的射极电位，从而抬高 V_1 的集电极电位，使 V_1 有一个合适的静态工作点。旁路电容 C_{e2} 的作用是不至于降低第二级电路的电压放大倍数。

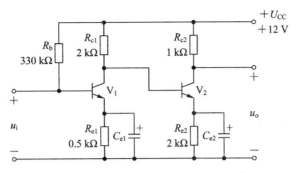

图 3 - 20　两级直接耦合放大电路

除阻容耦合和直接耦合以外，还有变压器耦合和光电耦合等耦合方式。

变压器耦合除隔直通交外还具有阻抗变换作用，以达到阻抗匹配、获得最大的输出功率的目的，所以，变压器耦合比较适用于功率放大电路。但变压器耦合频率特性差、体积和质量大、成本高，所以随着电子产品集成度的提高，已逐步被无变压器的输出电路所代替。只不过在高频电路，特别是在选频放大器中，还有相当程度的应用，比如收音机接收信号就是利用接收天线和耦合线圈来实现的。

利用光信号来实现电信号传输的耦合方式叫做光电耦合。光电耦合具有抗干扰能力强、传输损耗小、工作可靠等优点，并具有电气隔离的作用，是现代电子技术发展的一个方向。光电耦合的主要缺点是光路比较复杂，光信号的操作与调制需要精心设计。

3.3.2　多级放大电路的指标计算

多级放大电路的计算和单级放大电路一样，先进行静态分析，确定合适的静态工作点，再进行动态分析，计算放大电路的各项性能指标。

由于阻容耦合电路的静态工作点是相互独立的，所以阻容耦合电路的静态分析就变成了各单级电路的静态计算。直接耦合电路各级静态工作点不独立，要注意级间的相互影响。

对多级放大电路进行动态分析时，必须考虑级间的影响，比如可以将后级电路作为前级的负载来考虑。这样，单级放大电路的很多公式和结论都可以直接应用于多级放大电路的计算中。

1. 电压放大倍数

多级放大电路的级与级之间是串联关系，所以总的电压放大倍数是各级电压放大倍数的乘积，即

$$A_u = A_{u1} A_{u2} \cdots A_{un} \tag{3-12}$$

必须注意，计算单级电压放大倍数时要将后级电路的输入电阻作为前级的负载来考虑。

当用分贝作单位来表示电压放大倍数时，总的电压放大倍数为各级电压放大倍数之和。

2. 输入电阻

多级放大器的输入电阻就是从多级放大器的输入端看进去的等效电阻，也就是输入级的输入电阻，同样，计算时要将后级的输入电阻作为输入级的负载。

3. 输出电阻

多级放大器的输出电阻就是从多级放大器的输出端看进去的等效电阻，也就是输出级的输出电阻，计算时要将前级的输出电阻作为输出级的信号源内阻。

思考题

1. 低频电子电路中常用的阻容耦合和直接耦合方式各有什么优缺点？

2. 在多级放大电路的分析计算中，若不考虑级间的影响而直接将各级的空载电压放大倍数相乘，会和实际的放大倍数产生较大的误差。你认为这种误差的主要原因是什么？

3.4 放大电路的频率特性

3.4.1 频率特性的基本概念

在前面的分析中，均忽略了电抗元件对电路的影响，比如认为电容对直流开路、对交流短路。所以，在这种理想情况下，放大电路对任何频率的输入信号都具有相同的电压放大倍数，输出和输入信号之间的相位差（相移）也不变，要么是同相，比如共集电极电路；要么反相，比如共射极电路。实际上，电压放大倍数只能在有限的频率范围内保持近似不变，随着频率增高或降低到一定程度，放大倍数都要出现明显的下降，相移也要发生改变。这是因为对于不同频率的输入信号，电抗元件呈现的电抗值不同。电压增益的大小与频率的关系称为幅频特性，相移与频率的关系称为相频特性，幅频特性与相频特性统称为频率特性。

1. 幅频特性

以共发射极单级放大电路的幅频特性为例，画出其电压放大倍数与频率的关系曲线如图 3 - 21 所示。由于坐标跨度大，图中纵轴用 $20\lg|A_u|$（dB）表示，横轴也用对数坐标。

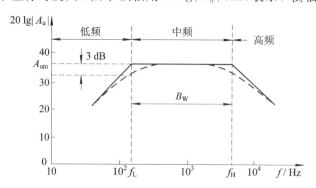

图 3 - 21　单级共发射极放大电路的幅频特性（对数）

从图 3 - 21 的幅频特性曲线可以看出：中频段的电压放大倍数最大且基本不变，随着频率的增高或降低，电压放大倍数均下降。当放大倍数下降到中频增益的 0.707 时所对应的频率分别叫做上限截止频率 f_H 和下限截止频率 f_L。f_H 和 f_L 表征了放大电路对频率高于 f_H 或低于 f_L 的输入信号已不能有效地放大。因此，定义 f_H 和 f_L 之间的频率宽度为放

大电路的带宽，记为 B_W，带宽也称为通频带，即

$$B_W = f_H - f_L \tag{3-13}$$

B_W 表示放大电路对不同频率输入信号的放大能力，B_W 越宽，对于频带较宽的输入信号来说，失真就越小。

应当指出，并不是在所有场合都要追求较宽的通频带。例如，在信号接收电路中采用的选频放大电路，仅对某单一频率的信号或某段较窄的频率范围进行放大，对其余频率或频段范围以外的信号衰减，并且衰减速度越快、衰减得越彻底，电路的性能越好。因此，放大电路只需具有和输入信号相对应的通频带即可，盲目追求较宽的通频带不但无益，还会造成放大电路放大倍数的牺牲并降低抗干扰能力。

2. 相频特性

以频率为横轴，输出与输入信号之间的相位差——相移为纵轴，共发射极单级放大电路的相频特性曲线如图 3-22 所示。从相频特性曲线可以看出，中频段的相移基本上是 $180°$，输出与输入反相，电路具有纯阻特性，高频段的相移比中频段滞后，低频段比中频段超前。

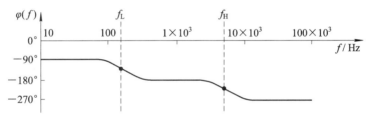

图 3-22　单级共发射极放大电路相频特性

3.4.2　多级放大电路的频率特性

多级放大电路由多个单级电路串联而成，总的电压增益为各级电压增益之积，所以多级放大电路的幅频特性为各级幅频特性之积[①]，相频特性为各级相频特性之和。

以两级放大电路为例，为方便起见，假设两级放大电路由相同的阻容耦合共发射极电路组成。我们把各级的频率特性曲线在同一横坐标下的纵坐标值相乘，就得到了两级放大电路总的幅频特性曲线，如图 3-23 所示。

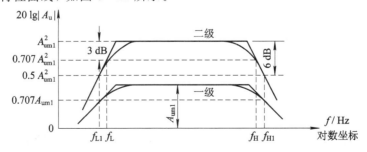

图 3-23　两级放大电路的幅频特性曲线

从图中可以看出，多级放大电路的带宽一定比构成它的任何一级电路的都窄，级数越

① 如用对数（分贝）表示放大电路的电压放大倍数，则多级放大电路的幅频特性为各级幅频特性之和。

多，下限频率越高，上限频率越低，带宽就越窄。因此将几级放大电路级联后，总的电压放大倍数提高了，但带宽将变窄。

总的相移为各级放大电路相移之和。

思考题

1. 放大电路的频率特性主要与哪些因素有关？

2. 幅频特性的纵坐标有时用与中频电压放大倍数的比值来表示，那么幅频特性上的 0 dB 线是哪条线？

3.5　常用集成运算放大器

3.5.1　集成运算放大器的基本概念

1. 集成运算放大器的性质

集成运算放大器是一个多级直接耦合的高电压放大倍数的差分直流放大器，具有输入电阻高、输出电阻低的特点。

在外加负反馈的控制下，集成运算放大器可以实现多种信号的运算功能。由于集成运放成本低、性能优良、可靠性好、使用方便等优点，使用范围已远远不止简单的数学运算，几乎所有应用低频放大器的场合均可用集成运放来取代。

集成运放也可以工作在开环或正反馈情况下，用来构成各种信号的处理电路、波形发生器等，现在已成为各种模拟信号处理和测试设备中的基本组件，被广泛用于各种放大、函数发生、有源滤波及模数、数模转换等电路中。

2. 集成运算放大器的电路符号

图 3-24 为集成运算放大器的电路符号。在这个符号中，▷代表信号的传输方向，∞表示该集成运放具有理想特性。由于集成运算放大器的输入级是差分输入，因此有两个输入端：用"＋"表示的是同相输入端，用"－"表示的是反相输入端，输出电压表示为 $u_o = A_{ud}(u_+ - u_-)$。当从同相端输入电压信号且反相输入端接地时，输出电压信号

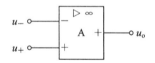

图 3-24　集成运算放大器的
电路符号

与输入同相；当从反相端输入电压信号且同相端接地时，输出电压信号与输入反相，一般地，集成运放可以有同相输入、反相输入及差分输入三种输入方式。

3. 集成运算放大器的外形

集成电路常有三种外形，即双列直插式、扁平式和圆壳式，如图 3-25 所示。

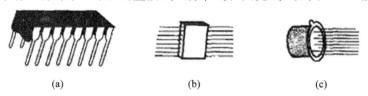

(a)　　　　　　　　　(b)　　　　　　　　　(c)

图 3-25　常见集成运算放大器外形
（a）双列直插式；（b）扁平式；（c）圆壳式

4. 集成运放的主要参数

1）开环差模电压增益 A_{od}

开环差模电压增益是指运放开环无反馈时的差模电压放大倍数，通常用 $20\lg|A_{od}|$ 表示，其单位为分贝（dB），有的通用型运放的 A_{od} 可达 100 dB。

2）差模输入电阻 r_{id}

r_{id} 反映了运放输入端向差模输入信号源索取的电流大小。对于电压放大电路，r_{id} 越大越好，高质量运放的差模输入电阻可达几兆欧。

3）输出电阻 r_o

从集成运放的输出端和地之间看进去的等效交流电阻，称为运放的输出电阻。

4）共模抑制比 K_{CMRR}

集成运放的 A_{ud} 与 A_{uc} 之比的大小为共模抑制比，反映了运放放大差模、抑制共模的综合能力，高质量运放的共模抑制比可达 160 dB。

5）输入失调电压 U_{IO}、输入失调电流 I_{IO} 及其温度漂移

这两个指标反映了运放的不对称程度，失调越小表明电路输入级的对称性越好。输入失调电压和输入失调电流均可以通过调零措施来补偿。其温度漂移是指输入失调量随温度的变化情况，不能用外接调零装置补偿。

除此之外，还有输入偏置电流 I_{IB}（对于双极型集成运放，静态时输入级两差放管基极电流 I_{B1} 和 I_{B2} 的平均值，其值越小，由于信号源内阻变化引起的输出电压变化也越小）、最大差模输入电压 U_{idmax}（集成运放两输入端间能承受的最大电压差值）、最大共模输入电压 U_{icmax}、带宽等参数，在具体使用时可查阅相关的手册、说明等，以获得正确和最佳的使用方法。

5. 理想集成运放的模型

因为集成运算放大器本身就具有高输入电阻、低输出电阻、差模电压放大倍数大以及能够抑制零点漂移等特点，所以，所谓理想化只是强化了集成运放本来就具有的特点。把运算放大器理想化后得出的结论，对实际工程应用来讲已十分精确，本书出现的集成运算放大器如不特殊注明，均作理想模型处理。

一般认为理想运放具有开环差模电压放大倍数趋近于无穷大、差模输入电阻趋近于无穷大、输出电阻趋近于零、共模抑制比趋近于无穷大、失调及其漂移均为零的理想特点。

3.5.2 集成运放的电路组成与工作原理

1. 典型集成运算放大器电路组成

集成运放的类型和品种相当丰富，从 20 世纪 60 年代发展至今已经历了四代产品，但在结构上基本一致。下面以第二代双极型通用集成运算放大器 μA741（F007）和单极型 CMOS 集成运算放大器 5G14573 为例，对运放各级电路的基本原理和功能进行简单介绍。

2. 集成运算放大器 μA741 简介

μA741（F007）是第二代双极型通用集成运算放大器，具有高电压放大倍数、高输入电阻、高共模抑制比、低功耗及有过载保护等优点。图 3-26 为 μA741 的电路原理图。整个电路是由 24 个晶体三极管、10 个电阻和一个电容组成的。电路有 12 个引脚，②是反相输入端，③是同相输入端，⑥是输出端，④是负电源端（−15 V），⑦是正电源端（+15V），①与⑤之间外接调零电位器，⑧与⑨接相位补偿电容。

主偏置电路由 V_{12}、R_5、V_{11} 组成，提供整个放大器的参考电流 I_{REF}（约为 $\dfrac{2U_{CC}}{R_5}$）。V_{10} 和 V_{11} 组成微电流源，给输入级的 V_3 和 V_4 提供偏置。V_8、V_9 也组成一组镜像电流源，给输入级 V_1、V_2 提供偏流（$I_{C8}=I_{C9}=I_{C10}$）。V_{12}、V_{13} 组成两路输出（A、B）的镜像电流源电路，A 路供给输出级的偏置电流，并使 V_{18} 和 V_{19} 工作；B 路给中间级提供偏置并作为中间级的有源负载。在 μA741 的电路中，大量地使用有源负载，避免了集成技术中制造大电阻的困难，还极大地提高了放大器的电压放大倍数，使 μA741 的开环差模电压放大倍数达到 100 dB 以上。

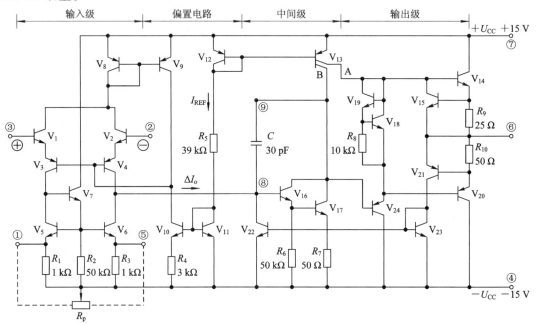

图 3-26 集成运算放大器 μA741 电路原理图

差分输入级由 $V_1 \sim V_6$ 组成，是双入单出的互补共集-共基差分放大电路。

中间级由 V_{16} 和 V_{17} 组成复合管共发射极放大电路，集电极负载为 V_{13B} 所组成的有源负载，因有源负载的交流电阻很大，所以本级可以得到较高的电压放大倍数。

V_{14} 和 V_{20} 组成互补对称输出级，V_{18} 和 V_{19} 接成二极管的形式，利用 V_{18} 和 V_{19} 的 PN 结压降使 V_{14} 和 V_{20} 处于微导通状态，以消除交越失真。V_{15} 和 V_{21} 是输出管的限流保护电路。

为达到零入零出的目的，μA741 还设计了外接的调零电位器，以保证静态时的零输出。

3. CMOS 集成运算放大器 5G14573

5G14573 是一种通用型 CMOS 集成运算放大器，该芯片含有同样的四个运算放大器单元，为双列直插封装形式。图 3-27 为 5G14573 中一个运放单元的电路原理图，场效应管符号采用了简化的表示方法。

差分输入级由 V_1、V_2 组成，V_3、V_4 构成差分输入级的漏极有源负载。V_5、V_6 为差分输入级提供源极偏置电流。输出级由 V_8 组成 NMOS 共源极放大器并由 PMOS 管 V_7 作 V_8 的有源负载。C 是相位补偿电容，用以防止自激振荡。为了获得较小的参考电流 I_{REF}，5G14573 的偏置电阻外接，并且每两个运放共用一个偏置电阻。

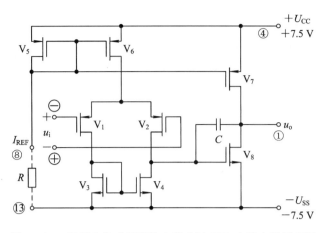

图 3 - 27 CMOS 集成运算放大器 5G14573 内部电路原理图

5G14573 虽然只由两级放大电路构成，但其电压放大倍数仍然可以达到 90 dB 左右。由于其四个集成运放单元是在同一工艺流程下制造出来的，因此具有良好的对称型，在多运放应用的场合可以有更好的温度补偿作用，使用更加方便。

3.5.3 集成运放的主要类型

按集成运算放大器内部电路的不同，运放可分为双极型集成运放和单极型集成运放；按每片集成电路中运放数目的不同，可分为单运放、双运放和四运放；按照集成运算放大器的技术指标，可将集成运放分为通用型和高输入阻抗型(差模输入电阻 r_{id} 可大于 $10^9 \sim 10^{12}\ \Omega$)、高精度低漂移型(失调电压小于 10 μV、温漂小于 0.1 μV/℃、失调电流小于 10 nA)、低功耗型(在电源为 ± 15 V 时，最大功耗可小于 6 mW)以及高速、宽带、高压、大功率等专用型集成运放。表 3-1 列举了一些典型集成运放的主要参数，可供比较。

表 3 - 1 几种集成运算放大器的主要参数

参数与单位 类型与型号		电源电压 $U_{CC}(U_{EE})$	开环差模 电压增益 A_{ud}	共模 抑制比 K_{CMRR}	差模 输入电阻 r_{id}	最大差模 输入电压 U_{idmax}	最大共模 输入电压 U_{icmax}	最大 输出电压 U_{omax}
		V	dB	dB	kΩ	V	V	V
通用型	μA741 (F007)	$\pm 9 \sim \pm 18$	100	80	1000	± 30	± 12	± 12
高阻型	LF356 (TL081)	± 15	106	100	10^9	± 30	$+15$、-12	± 13
高速型	F715 (μA715)	± 15	90	92	1000	± 15	± 12	± 13
高精度	OP - 27	$8 \sim 44$	110	<126				$\pm 3 \sim \pm 40$
低功耗	F3078 (CA3078)	± 6	100	115	870	± 6	± 5.5	± 5.3
高压型	HA2645	$20 \sim 80$	100	74		37		
MOS 型	5G14573	± 7.5	80	76	10^7	$-0.5 \sim$ $(U_{CC} + 0.5)$	12	12

集成运算放大器除能进行各种信号的放大以外，还可以构成各种信号运算电路、信号处理电路、波形产生电路等。随着集成技术的发展，可以说，只要有模拟电子电路的地方就有集成运算放大器的存在，就是在某些数字电路中也要用到集成运放。所以集成运算放大器已经成为电子技术中重要的基本器件。

小　结

1. 集成运算放大器是一种多级直接耦合的高电压放大倍数的集成放大电路，具有输入电阻高、输出电阻小的特点，同时还有可靠性高、重量轻、造价低、使用方便等集成电路的优点。内部结构主要由差分输入级、中间放大级、互补对称输出级以及偏置电路组成。

2. 差分放大电路是模拟集成电路中的基本单元电路，具有放大差模信号、抑制共模信号的特点，可以抑制直接耦合电路中的零点漂移。

共模抑制比 K_{CMRR} 定义为差模电压放大倍数与共模电压放大倍数的比值，K_{CMRR} 越大，差分放大器的性能越好。

3. 集成运算放大器广泛地使用电流源结构，主要用来给各级电路提供偏置电流和作为有源负载。基于增强带负载能力和提高效率的考虑，集成运算放大器普遍使用共集电极（或共漏极）互补对称输出级。

4. 多级放大电路级间的连接有阻容耦合、直接耦合、变压器耦合和光电耦合等方式，适用于不同的场合。

5. 放大器的频率特性主要是指电压放大倍数与输入信号频率之间的关系，包括幅频特性和相频特性两部分。多级放大电路的带宽要小于单级电路的带宽。

6. MOS 集成运算放大器的电路结构与双极型运算放大器基本相同，基本单元电路的形式、原理也类似。由于 MOS 集成运算放大器具有输入电阻大、温度稳定性好、功耗低以及便于集成的优点，所以得到越来越广泛地应用。

7. 除通用型集成运放外，集成运算放大器还有高输入阻抗、低漂移、高精度、高速、宽带、低功耗、高压、大功率等专用型集成运放。在使用时可以根据不同的需要选择不同类型的集成运放，以获得最佳的使用效果，并要注意集成运放参数范围，以免造成损坏。

习　题

3.1　两个直接耦合放大电路在温度由 20℃ 变化到 50℃ 时，电压放大倍数为 100 的 A 电路输出电压漂移了 1 V，电压放大倍数为 500 的 B 电路输出电压漂移了 2 V，哪个放大器的温度漂移较小？为什么？

3.2　当差分放大电路的两个输入端分别输入以下正弦交流电压有效值时，分别相当于输入了多大的差模信号和共模信号？对于同一差分放大电路来说，哪一组输入信号对应的输出电压幅值最大？哪一组最小？为什么？

(1) $u_{i1} = -20$ mV，$u_{i2} = 20$ mV；

(2) $u_{i1} = 1000$ mV，$u_{i2} = 990$ mV；

(3) $u_{i1} = 100$ mV，$u_{i2} = 40$ mV；

（4）$u_{i1} = -30$ mV，$u_{i2} = 0$ mV。

3.3　基本差分放大电路如图 3-5 所示，设差模电压放大倍数为 120。

（1）若 $u_{i1} = 20$ mV，$u_{i2} = 10$ mV，双端输出时的差模输出电压为多少？

（2）若取 u_{o1} 为输出电压，此时的差模输出电压为多少？

（3）若输出电压 $u_o = -996u_{i1} + 1000u_{i2}$ 时，分别求电路的差模电压放大倍数、共模电压放大倍数和共模抑制比。

3.4　差分放大电路如图 3-28 所示，$\beta_1 = \beta_2 = 50$，发射结压降为 0.7 V。试计算：

（1）静态时的 I_{E1}、I_{B1}、U_{C1}；

（2）差模电压放大倍数和共模电压放大倍数；

（3）差模输入电阻；

（4）单端输出时的共模抑制比。

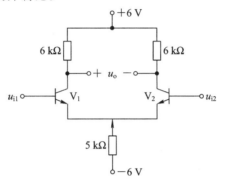

图 3-28　题 3.4 图

3.5　差放电路如图 3-29 所示，$\beta_1 = \beta_2 = 50$，发射结压降可忽略，可变电阻 R_e 的动端在中点，其余参数如图。求：

（1）静态时的 I_E、I_B 和 U_C；

（2）空载时的差模电压放大倍数；

（3）在输出端接入 6.8 kΩ 的负载时，分别计算单端输出和双端输出时的差模电压放大倍数；

（4）差模输入电阻和输出电阻。

3.6　分析图 3-30 所示差分放大电路的输入输出形式、图中各元器件的作用。

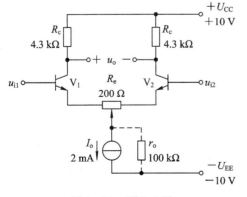

图 3-29　题 3.5 图

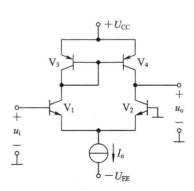

图 3-30　题 3.6 图

3.7 判断图 3-31 所示复合管中，哪些复合形式是正确的，哪些是错误的。指出复合正确的复合管的等效类型。

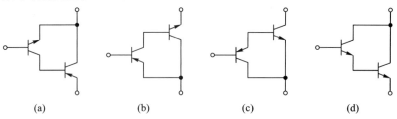

(a)   (b)   (c)   (d)

图 3-31 题 3.7 图

3.8 图 3-32 为两级阻容耦合放大电路，第二级放大电路采用射极跟随器以提高带负载能力，$\beta_1=\beta_2=60$，C_1、C_2、C_3 为耦合电容，其余参数如图中所示。计算电路的电压放大倍数、输入电阻和输出电阻。

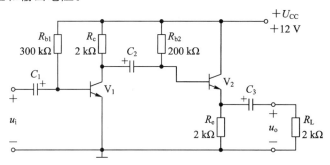

图 3-32 题 3.8 图

3.9 图 3-33 为直接耦合的两级放大电路，$\beta_1=\beta_2=40$，$U_{BE1}=U_{BE2}=0.7$ V，试计算 V_1、V_2 的静态参数。

3.10 某放大电路的幅频特性如图 3-34 所示，± 20 dB/十倍频程的含义是频率每增加到原来的 10 倍，增益将增加或下降 20 dB。问：

（1）该放大电路的中频电压放大倍数是多少？

（2）上限频率 f_H 和下限频率 f_L 以及带宽各为多少？

（3）对应于上限频率 f_H 和下限频率 f_L 的电压放大倍数是多少？

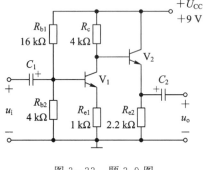

图 3-33 题 3.9 图

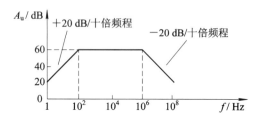

图 3-34 题 3.10 图

3.11 LM324 为通用型集成运算放大器，其内部有四个同样的集成运放单元。图 3-35 是其中一个运放单元的电路原理图，试指出同相输入端和反相输入端的位置，并说明图中四个电流源的作用。

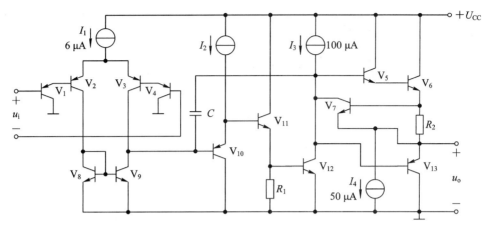

图 3-35 题 3.11 图

技 能 实 训

集成运算放大器的外观识别

一、技能要求

熟悉集成运算放大器的外观形状、封装形式、管脚排列等。

二、实训内容

选择常用的通用型集成运算放大器,比如图 3-36 所示的单运放 μA741 和四运放 LM324,熟悉集成运放的外观形状、封装形式、各管脚位置、正负电源电压端位置等器件的基本情况。

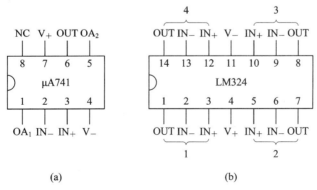

图 3-36 集成运放 μA741 与 LM324 的管脚排列(NC 为空脚)
(a) 单运放 μA741;(b) 四运放 LM324

第4章　放大电路中的负反馈

反馈技术在自动控制、电子电路和电子设备中应用十分广泛，第2章介绍的分压式射极偏置电路就是利用反馈控制原理使静态工作点稳定的实例。第3章所述的集成运算放大器只有在外加负反馈的严格控制下，才能实现输出和输入之间的线性运算；在自动控制系统中，也必须通过负反馈来实现自动调节。因此，反馈技术在电子技术中具有极其重要的地位。本章介绍反馈的基本概念、类型以及不同反馈类型对放大电路性能的影响，了解如何利用负反馈来改善放大器的性能。

4.1　负反馈的基本概念与分类

4.1.1　反馈的基本概念

1. 反馈的概念

所谓反馈，就是把输出电流量或电压量的一部分或全部以某种方式送回输入端，使原输入信号增大或减小并因此影响放大电路性能的过程。

从反馈的定义来看，一个电路中是否有反馈，一般有以下两种情况：一是有反馈支路一端接于放大电路的输出端，另一端接于放大电路的输入端，用以将输出信号送回输入端，如图 4-1(a)中的反馈电阻 R_f；二是有反馈支路同时处于放大电路的输入回路和输出回路中，如图 4-1(b)中的射极电阻 R_e，由于射极电阻 R_e 上既有输入信号又有输出信号，R_e 本身就已经担当了将输出信号送回输入端的作用。

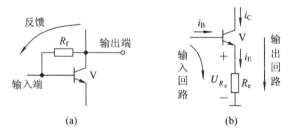

图 4-1　电子电路中常见的两种反馈存在形式
(a) 反馈支路处于输出端和输入端之间；(b) 反馈支路同时处于输出和输入回路中

2. 反馈放大电路的方框图

反馈放大电路可以表示为图 4-2 所示的框图。图中将没引入反馈之前的放大电路记为基本放大电路 A。基本放大电路 A 可以是单级或多级的分立元件电路，也可以是集成运算放大器构成的放大电路。连接在放大电路输出与输入端之间用来引入反馈的环节叫做反馈网络，记为 F，多由阻容元件组成。基本放大电路 A 和反馈网络 F 合起来就是引入反馈后的放大电路,称为反馈放大电路,记为 A_f。可以看出,基本放大电路 A 和反馈网络 F 构成了一个闭合的环路,所以通常把基本放大电路称为开环放大电路,而把反馈放大电路叫做闭环放大电路。

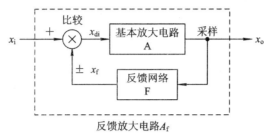

图 4 - 2　反馈放大电路方框图

图 4 - 2 中的 x_i 表示输入电信号,可以是电流也可以是电压。x_o 为反馈放大电路的输出信号,x_f 是反馈网络对输出信号采样后的输出,被送回到输入端与输入信号 x_i 叠加(也叫比较)。符号 $\otimes$ (表示比较环节,x_{di} 表示经叠加后真正加入基本放大电路输入端的净输入信号,即

$$x_{di} = x_i \pm x_f \qquad\qquad (4-1)$$

式(4 - 1)中的"±"表示反馈信号可以和输入信号同相或反相。

可以看出,引入反馈后,基本放大电路得到的输入信号不再是 x_i,而是 x_i 与 x_f 叠加的结果 x_{di}。比如基本放大电路的电压放大倍数为 50,输入信号为 20 mV,反馈信号为与输入信号反相的 -18 mV,则净输入信号只有 2 mV,反馈放大电路的输出电压将从没有反馈时的 1000 mV 下降到 100 mV,反馈放大电路的电压放大倍数从原来的基本放大电路时的 50 降为了现在的 5(即 $\frac{100\ \text{mV}}{20\ \text{mV}}$)。因此,引入反馈后的输出信号也是由输入信号和反馈信号共同决定的。所以,反馈要对放大电路的很多性能产生影响。

3. 反馈的极性

从上述给出的数据来看,若送回的反馈信号与原输入信号反相,抑制了原输入信号的变化(由 20 mV 减小到 2 mV),电路总的放大倍数下降了(由 50 下降到 5),这样的反馈称为负反馈,比如射极偏置电阻对集电极电流变化量的抑制;反之,反馈信号与原输入信号同相,起到了帮助原输入信号变化的作用,使得电路放大倍数提高,这样的反馈称为正反馈。所以,在 $x_{id} = x_i \pm x_f$ 这个关系式中,"+"表示反馈信号使净输入信号增大(为正反馈);"-"表示反馈使净输入信号减小(为负反馈)。反馈的正负又称为反馈的极性。

负反馈虽然降低了放大倍数,却使放大电路许多性能得到改善,所以不管是集成运放或是分立元件放大电路,在实际线性应用中都要引入负反馈。正反馈虽然使放大倍数增大,但却会使放大电路变得不稳定,出现自激等情况。对于放大电路来说,放大倍数的下降可以通过增加级数来弥补,但不稳定的电路是不能正常工作的,因此在放大电路中引入的都是负反馈,而不是正反馈。采用正反馈的电子电路一般是需要通过正反馈获得一定的电路功能,比如正弦波产生电路或电压比较器等。本章主要讨论放大电路中的负反馈以及引入负反馈后对放大电路交流性能的影响。

4. 反馈放大电路中的基本表达式

我们已经知道,负反馈时有

$$x_{di} = x_i - x_f \qquad (4-2)$$

从图 4-2 反馈放大电路的框图中，还可以得到负反馈的几个一般表达式：

基本放大电路的放大倍数 A（开环放大倍数）

$$A = \frac{x_o}{x_{di}} \qquad (4-3)$$

反馈网络的反馈系数 F[①]

$$F = \frac{x_f}{x_o} \qquad (4-4)$$

反馈放大电路的放大倍数 A_f（闭环放大倍数）

$$A_f = \frac{x_o}{x_i} \qquad (4-5)$$

将式(4-2)、(4-3)、(4-4)代入式(4-5)，可以得出反馈放大电路闭环增益 A_f 的一般表达式为

$$A_f = \frac{x_o}{x_i} = \frac{x_o}{x_{di} + x_f} = \frac{\dfrac{x_o}{x_{di}}}{1 + \dfrac{x_f}{x_{di}}} = \frac{\dfrac{x_o}{x_{di}}}{1 + \dfrac{x_o}{x_{di}} \cdot \dfrac{x_f}{x_o}} = \frac{A}{1 + AF} \qquad (4-6)$$

从式(4-6)可以看出，加入负反馈后，反馈放大电路的闭环放大倍数受到了影响，其大小与 $1+AF$ 这一因素有关。实际上不仅是闭环增益，负反馈对放大电路很多性能的改善均与 $1+AF$ 有关，因此，$1+AF$ 是衡量负反馈程度的一个重要指标，定义为反馈深度。一般情况下，A 和 F 都是频率的函数，它们的幅值和相角均随频率的改变而改变。当考虑信号频率的影响时，A、F 和 A_f 分别用 $\dot{A}$、$\dot{F}$ 和 $\dot{A}_f$ 表示。

在假设 x_f 本身可以为正或为负的情况下，式(4-6)也可以看成是正、负反馈的一般表达式，有如下结论：

(1) $|1+\dot{A}\dot{F}| > 1$，则 $|\dot{A}_f| < |\dot{A}|$，放大倍数下降，说明引入的是负反馈，$|1+\dot{A}\dot{F}|$ 越大，闭环放大倍数下降越多，负反馈程度就越深。

(2) $|1+\dot{A}\dot{F}| < 1$，则 $|\dot{A}_f| > |\dot{A}|$，放大倍数升高，说明引入的反馈为正反馈，正反馈使放大电路的闭环增益增加，但性能将变得不稳定，所以放大电路中很少使用。

(3) $|1+\dot{A}\dot{F}| \to 0$，则 $|\dot{A}_f| \to \infty$，这是正反馈的一种特例，说明放大电路在没有输入信号的情况下就会产生输出信号，称为放大器的自激。比如一个扩音系统在没有声音源的情况下有时会出现的"啸叫"现象就是自激的体现。自激在放大电路中要绝对避免。

5. 负反馈的自动调节作用

在某种外界因素的作用下，使负反馈放大电路的输出信号 x_o 发生变化，则负反馈有助于使输出信号稳定。因为反馈放大器中将发生以下自动调节过程：

$$x_o \uparrow \to x_f \uparrow \to x_{di} \downarrow (= x_i - x_f \uparrow) \to x_o \downarrow$$

4.1.2 反馈放大电路的分类

不同类型的反馈对放大电路起的作用不同，为便于分析，可以对反馈作如下分类：

---

① 反馈系数 F 实际上可以看成是反馈网络的放大倍数。一般反馈系数都小于 1，习惯上称之为反馈系数。

1. 正反馈和负反馈

依前所述，按照反馈的极性，可以将反馈分为正反馈和负反馈两类。

2. 交流反馈和直流反馈

如果反馈网络存在于放大电路的交流通路中，影响放大电路交流性能的称为交流反馈；如果反馈网络存在于放大电路的直流通路中，对放大电路的静态产生影响的称为直流反馈。一个反馈有可能仅为交流反馈，或仅为直流反馈，也可能同时反馈直流和交流信号。图 4-3 给出了交流反馈和直流反馈的例子，(a)图为交流反馈：因为反馈电容 C_f 对直流信号相当于开路，所以不能反馈直流信号；(b)图为直流反馈：由于射极电容 C_e 对交流信号短路，所以在交流通路中，反馈支路 R_f 被短路，三极管的发射极相当于直接接地，交流反馈是不存在的；(c)图中的反馈电阻 R_f 可以同时反馈交流和直流信号，该电路为交、直流反馈。

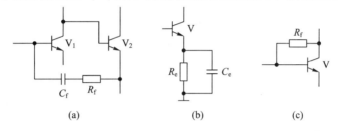

图 4-3　交流反馈和直流反馈
(a) 交流反馈；(b) 直流反馈；(c) 交、直流反馈

一般来说，直流负反馈的目的是为了稳定电路的静态工作情况，只需知道它的极性就可以了[①]；而交流反馈对放大电路性能的影响是多方面的，因此，除分析交流反馈的极性，还要进行更详细的分类：是电压、电流反馈，还是串联或并联反馈。

3. 电压反馈和电流反馈

由于基本放大电路和反馈网络均是四端双口，所以基本放大电路 A 与反馈网络 F 的端口连接方式就有串联和并联的区别。

在反馈放大电路的输出端，基本放大电路输出口与反馈网络输入口相连接，它们的连接方式决定了反馈网络是将输出电压送回输入端，还是把输出电流送回输入端，因此，叫采样方式。根据采样方式的不同，分为电压反馈和电流反馈，如图 4-4 所示。

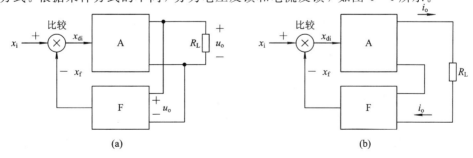

图 4-4　电压反馈和电流反馈(按采样方式分类)
(a) 电压反馈；(b) 电流反馈

---

① 直流负反馈可以稳定电路的静态工作点，正反馈则不能。

并联采样时，取输出电压 u_o 为反馈网络的输入，反馈信号 x_f 与输出电压 u_o 成正比，则称为电压反馈。串联采样时，取输出电流 i_o 为反馈网络的输入，反馈信号 x_f 与输出电流 i_o 成正比，则称为电流反馈。

4. 串联反馈和并联反馈

在反馈放大电路的输入端，基本放大电路输入口与反馈网络输出口相连接，它们的连接方式决定了反馈信号 x_f 在输入端以什么形式出现，也就是净输入信号 x_{di} 是输入电压和反馈电压的比较，还是输入电流和反馈电流的比较，因此，叫比较方式。根据比较方式的不同，分为串联反馈和并联反馈，如图 4-5 所示。

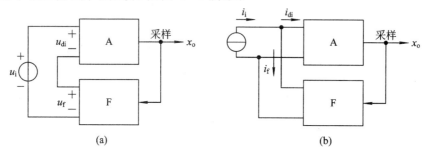

图 4-5 串联反馈和并联反馈（按比较方式分类）
（a）串联反馈；（b）并联反馈

当 x_{di}、x_i 和 x_f 以电压形式出现时，比较方式一定为串联，所以称为串联反馈；当 x_{di}、x_i 和 x_f 以电流形式出现时，比较方式一定为并联，所以称为并联反馈。

另外，反馈还有本级反馈和级间反馈的区别。对于多级放大电路，如果反馈支路将下一级（或更后级）的输出信号反馈回本级的输入端，称为级间反馈，如图 4-3(a)所示。反之，如果反馈回输入端的仅为本级的输出信号，则为本级反馈，如图 4-3(b)、(c)所示。由于多级放大电路的控制作用相对单级要强，在同一个电路中如果既有级间反馈，又有本级反馈，我们将只考虑级间反馈对放大电路的影响。级间反馈一般不超过三级，否则，容易产生自激，反而使放大器不能正常工作。

4.1.3 负反馈的四种基本类型与判别方法

不同类型的负反馈对放大电路性能的影响大不相同，必须根据不同的情况，选用不同类型的负反馈。

1. 负反馈的四种基本类型

反馈的类型又叫做反馈的组态。根据反馈放大电路的采样和比较方式，可以分别构成电压串联负反馈、电压并联负反馈、电流串联负反馈和电流并联负反馈四种类型。四种反馈组态的框图，读者可参考图 4-4 和图 4-5 自行画出。

1）电压串联负反馈

图 4-6 为共集电极放大电路，反馈判断过程如下：

从电路来看，反馈元件为 R_e，是交、直流反馈。图中标出了各点的瞬时极性，当输入信号增大时，三极管基极的瞬时极性记为 ⊕，射极电位与基极电位同相，也为 ⊕。三极管

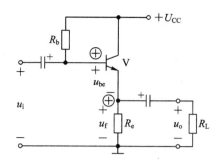

图 4 - 6　共集电极放大电路——电压串联负反馈

的发射极既是信号的输出端,又是另一个输入端,因此反馈信号相当于回到三极管的另一个输入端发射极,极性为⊕,使净输入信号减小,为负反馈。

用"假定输出短路法"来判断采样方式。当假设输出电压被短路时,反馈电阻 R_e 同时被短路(对于交流信号来说,耦合电容短路),三极管的发射极接地,反馈支路 R_e 受到影响而消失,自然反馈信号也消失,因此为电压反馈。输入信号送回的是三极管的另一个输入端发射极,故为串联反馈,所以图中参与比较的是电压量,即 $u_{di} = u_{be} = u_i - u_f$。$R_e$ 上的电压就是反馈电压信号 u_f,抵消了输入电压 u_i 的一部分。

因为是电压比较方式,输入信号源内阻越小,u_i 越恒定,负反馈的效果就越好,当信号源为理想电压源时,u_{di} 的变化量与 u_f 的变化量相同,负反馈效果最好,所以串联比较适用于低内阻信号源。

综上所述,由 R_e 构成的反馈为交、直流反馈,其反馈类型为电压串联负反馈。

需要指出的是,电压负反馈只针对输出电压有稳定作用,而不能稳定输出电流。因为当外界因素发生变化引起输出电压变化时,电压反馈的采样对象是输出电压,负反馈的结果会抑制输出电压的这种变化,有如下自动调节过程发生:

$$u_o \uparrow \rightarrow x_f \uparrow \rightarrow x_{di} \downarrow (= x_i - x_f \uparrow) \rightarrow u_o \downarrow$$

而对输出电流却没有这种自动调节过程,因此,在需要稳定输出电压时,应选择电压负反馈。

2) 电流并联负反馈

图 4 - 7 为两级放大电路,负载电阻 R_L 接于 V_2 的集电极,该电路的反馈分析如下。

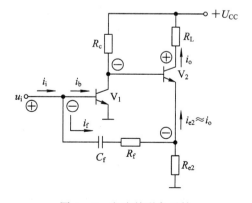

图 4 - 7　电流并联负反馈

反馈电阻 R_f、R_{e2} 和 C_f 构成级间反馈支路，由于电容 C_f 的隔直作用，该反馈支路构成级间的交流反馈支路。假设输入信号瞬时极性为 $\oplus$，则 V_1 的集电极电位为 $\ominus$，V_2 发射极跟随为 $\ominus$，因为电阻不改变信号的极性，所以通过 R_f 送回原输入端的反馈信号瞬时极性为 $\ominus$。根据图中标出的各点瞬时极性，反馈信号回到 V_1 的基极，与原输入信号在同一点并且极性相反，因此，净输入信号减小，为负反馈。

当假设输出电压短路时，V_2 的集电极接电压源，但不影响反馈支路，所以为电流反馈。输入信号送回 V_1 的基极，与原输入信号在同一输入端，是并联反馈，参与比较的是电流量，即 $i_{di}=i_b=i_i-i_f$，反馈电流 i_f 就是 R_f 上的电流，它的流出使输入电流 i_i 减小。类似地，对于电流比较方式，信号源内阻越大，i_i 越恒定，负反馈的效果越好，所以并联比较适用于高内阻信号源。

综上所述，由 R_f 和 C_f 构成的反馈是交流反馈，反馈类型为电流并联负反馈。

同样，电流负反馈只能稳定输出电流，不能稳定输出电压。因为电流反馈的采样对象是输出电流，负反馈会抑制输出电流的变化，进行下面的自动调节过程：

$$i_o \uparrow \to x_f \uparrow \to x_{di} \downarrow (=x_i-x_f \uparrow) \to i_o \downarrow$$

以上讨论的电压串联和电流并联两种负反馈电路中，它们采样方式（电压反馈和电流反馈）的特点和比较方式（串联比较和并联比较）的特点具有典型性，也适用于另两种负反馈电路——电压并联负反馈和电流串联负反馈。

3）电压并联负反馈

在图 4-8 由集成运算放大器构成的反馈放大电路中，反馈电阻 R_f 构成交直流反馈。根据瞬时极性法判断，当输入信号瞬时极性为 $\oplus$ 时，输入信号从集成运放的反相输入端加入，因此输出信号的瞬时极性为 $\ominus$，经电阻 R_f 送回集成运放的反相输入端。反馈信号回到输入信号的同一点并且极性相反，为负反馈。反馈电阻 R_f 上的电流就是反馈电流，方向按照瞬时极性从 $\oplus$ 到 $\ominus$ 标注。

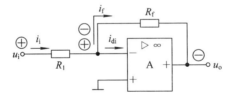

图 4-8　电压并联负反馈

当假设输出电压短路时，反馈电阻 R_f 右端接地，反馈支路受到影响，使反馈信号消失，为电压反馈。反馈信号与输入信号在同一端，因此为并联反馈，以电流量的形式参与比较，即 $i_{di}=i_i-i_f$。

所以，由 R_f 构成的反馈是交、直流反馈，其反馈类型为电压并联负反馈。

4）电流串联负反馈

图 4-9 为分压式射极偏置放大电路。反馈元件为 R_{e1}、R_{e2} 和 C_e，由于旁路电容的存在，R_{e1} 和 R_{e2} 构成直流反馈，交流反馈仅由 R_{e1} 构成。由瞬时极性看出，净输入信号减小，为负反馈。

当假定输出电压被短路时，不影响交流反馈电阻 R_{e1} 传递反馈信号，为电流反馈。R_{e1} 上的电压是反馈电压信号 u_f，比较方式仍然为串联反馈。

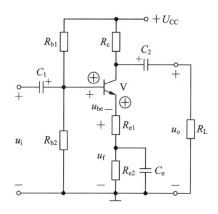

图 4-9 分压式射极偏置电路——电流串联负反馈

所以，由 R_{e1} 和 R_{e2} 组成直流负反馈，R_{e1} 构成交流反馈，反馈类型为电流串联负反馈。

总之，负反馈具有自动调节作用，电压负反馈可以稳定输出电压；电流负反馈能稳定输出电流。串联比较方式比较的是电压信号，适用于电压源；并联比较方式比较的是电流信号，适用于电流源。

2. 反馈判别的一般方法

根据前述各种反馈概念的定义，可以得到简单有效的具体判别方法如下：

有/无反馈→交/直流反馈→正/负反馈→电压/电流反馈→串联/并联反馈。

1）有/无反馈

看电路中是否有反馈支路一端接于放大电路的输出端、另一端接于放大电路的输入端或同时处于放大电路的输入和输出回路中。

2）交/直流反馈

存在于放大电路交流通路中的反馈是交流反馈，存在于直流通路中的反馈是直流反馈，若交、直流通路中该反馈支路均存在，则为交、直流反馈。

3）正/负反馈

反馈极性的判别，通常采用瞬时极性法。

所谓瞬时极性法，就是以某瞬间假定极性[1]下的 x_i 为输入，沿信号闭环方向[2]沿途用 ⊕、⊖ 标注瞬时极性，用以判断 x_f 与 x_i 的极性关系，从而判断反馈极性的方法。若反馈信号 x_f 与原输入信号 x_i 的瞬时极性相同，满足 $x_{di} = x_i + x_f$，使净输入信号增大的，为正反馈；反之，信号间关系满足 $x_{di} = x_i - x_f$ 的，为负反馈。

图 4-10 给出了几种常见的负反馈时 x_i 和 x_f 之间的瞬时极性关系。

要注意的是，集成运算放大器有两个输入端，两个输入信号的差才是真正的输入信号。对于三极管来说也是一样，基极和发射极间的电位差——发射结电压才是净输入信号。所以图 4-10 中的(a)图和(c)图的 x_i 和 x_f 在同一点叠加，两信号瞬时极性相反，为负反馈；(b)图和(d)图的输入信号和反馈信号在两个输入端的不同点叠加，当 x_i 为 ⊕、x_f 在

[1]　一般从正极性开始假定，用"⊕"作标记，表示该点的瞬时信号有增大的趋势。

[2]　反馈放大电路中信号的流向遵循从输入端→A→输出端→F→输入端的过程，叫做正向传输，而反向传输相当微弱，可以忽略不计。

另一输入端也为⊕时,有使净输入信号减小的趋势,为负反馈。实际上,分压式射极偏置电路中负反馈瞬时极性的画法就和图 4-10(d)一样。那么,x_i 和 x_f 的瞬时极性怎样标注才是正反馈呢?请读者自行画出。可以得出一个一般性的结论:反馈信号送回同一输入端且和原输入信号极性相反,为负反馈,反之,为正反馈;若反馈信号送回另一输入端且和原输入信号极性相同,为负反馈,反之,为正反馈。

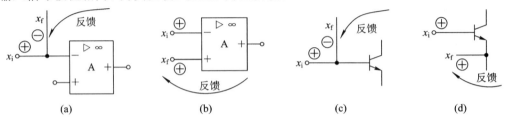

(a)　　　　　　(b)　　　　　　(c)　　　　　　(d)

图 4-10　负反馈时 x_i 与 x_f 之间的瞬时极性关系

(a)、(b) 集成运放的负反馈;(c)、(d) 三极管的负反馈

4) 电压/电流反馈

从采样方式的定义出发,可以得到"假定输出短路"的判断方法。当电压采样时,反馈信号与输出电压成比例关系,若将输出电压短路为 0,则反馈网络的输入消失,反馈支路受到影响使反馈消失;反之,若反馈支路不受影响,说明反馈网络是以输出电流为采样对象的,输出电压短路并不影响反馈的存在。必须注意的是:将输出电压短路只是理论上的判断方法,实际上绝对不允许将放大电路的输出短路。由此又可进一步得出以下结论:凡反馈信号是从放大电路的输出端引出的,就是电压反馈。若反馈信号是从放大电路的非输出端引出的,就是电流反馈。

5) 串联/并联反馈

从图 4-5 反馈放大器的比较方式方框图可以看出:端口并联时,反馈信号与输入信号一定加于放大器的同一输入端,进行电流叠加;否则,端口串联时,反馈信号与输入信号一定是分别加入放大器件的两个输入端,进行电压的叠加。

放大电路中反馈的组态是针对交流反馈来说的,所以,反馈组态的判断要在放大电路的交流通路中进行。因为交流通路的概念读者已经很熟悉了,故本章判断反馈组态时均不再画出交流通路。

例 4-1　集成运算放大器电路如图 4-11 所示,判断该电路的交流反馈类型,并标出反馈信号。

解　瞬时极性标于图 4-11 中,输入信号从集成运放同相输入端输入,当输入信号的瞬时极性为⊕时,输出的瞬时极性也为⊕,经反馈电阻反馈回集成运放的反相输入端,和原输入信号在不同的输入端且瞬时极性相同,为负反馈。从图中可以看出,反馈电压 u_f 削弱了原来的输入电压信号 u_i。

将输出电压(R_L)短路,不影响反馈的存在,因此,该反馈为电流反馈。反馈信号送回到集成运放的另一输入端,为串联反馈。

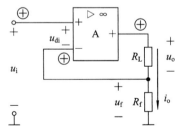

图 4-11　例 4-1 的电路图

该反馈放大电路的交流反馈类型为电流串联负反馈。

例 4 - 2 分析判断图 4 - 12 中两级放大电路的反馈类型和反馈极性。

解 图 4 - 12 两级放大电路的反馈网络由 R_f、R_{e1} 和 C_f 构成级间交流反馈。

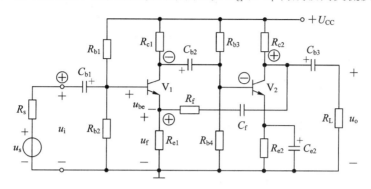

图 4 - 12 例 4 - 2 的电路图

将瞬时极性标于图 4 - 12 中，由瞬时极性法可以看出，该反馈为负反馈。很明显，反馈信号采样于输出电压，由反馈网络送回输入端三极管 V_1 的发射极，由于输入信号从三极管 V_1 的基极加入，和反馈信号不在同一个输入端，所以构成了串联比较形式。

因此，该电路为电压串联负反馈。

需要说明的是，这个电路中除级间反馈外，还有本级反馈，比如 V_2 的射极负反馈电阻 R_{e2}。R_{e2} 在这里的作用主要是起到稳定 V_2 静态工作点的作用，前面已经提到，如果级间反馈和本级反馈同时存在，一般只考虑级间反馈的影响，除非单独考虑某级电路工作情况的时候，以后不再赘述。

例 4 - 3 判断图 4 - 13 中多级放大电路的反馈类型和反馈极性。

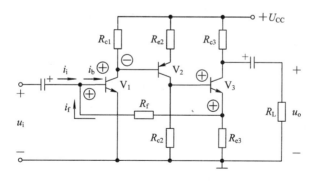

图 4 - 13 例 4 - 3 的电路图

解 图 4 - 13 中所示电路，电阻 R_f 和 R_{e3} 构成级间交、直流反馈支路，根据瞬时极性法在图中标出各有关信号的瞬时极性，可以看出这是一个正反馈电路，净输入电流信号为 $i_b = i_i + i_f$，反馈信号使净输入信号增大。对于正反馈，当然也可以相应地得出该电路为电流并联正反馈的结论，但由于正反馈对放大电路的性能没有改善，反而破坏放大电路至关重要的稳定性，放大电路中并不采用。所以，对于放大电路中的正反馈，可以不必区分其类型，只判断出极性即可。

思考题

1. 如何理解"若有反馈支路同时处于输入、输出回路中,则存在反馈"这句话?

2. 对于 $x_{di}＝x_i－x_f$ 这个负反馈的关系式,为什么说它也可以广义地代表正反馈?

3. 请画出四种反馈组态的方框图。

4. 利用瞬时极性法判断反馈极性时,如果从负极性开始判断,对于图 4 - 10 中的集成运放和三极管来说,怎样的极性关系才是负反馈?

5. "假定输出电压短路法"可以用来判断采样方式,和这种方法相似的还有"假定输出电流开路法",如何利用"假定输出电流开路法"来判断采样方式?

4.2 负反馈对放大电路性能的影响

4.2.1 负反馈对放大电路性能的影响

1. 降低放大电路的放大倍数

我们知道,闭环放大倍数 $A_f＝\dfrac{A}{1+AF}$,负反馈使放大电路的闭环放大倍数减小了 $1+AF$ 倍。反馈越深,$1+AF$ 越大,放大倍数下降得越多,负反馈对放大电路性能的改善是以牺牲了放大能力为代价的。

2. 提高放大倍数的稳定性

引入负反馈,可使放大倍数相对稳定。为从数量上衡量放大倍数的稳定程度,常用放大倍数的相对变化量来表示,即用 $\dfrac{dA}{A}$ 的大小来评定。分析可得

$$\frac{dA_f}{A_f}＝\frac{1}{1+AF}\cdot\frac{dA}{A} \tag{4-7}$$

例 4 - 4 已知某负反馈放大电路的开环放大倍数 $A＝10\,000$,反馈系数 $F＝0.01$,由于三极管参数的变化使开环放大倍数减小了 10%,试求变化后的闭环放大倍数 A_f 的大小及其相对变化量。

解 三极管参数变化后的开环放大倍数为

$$A＝10\,000\times(1-10\%)＝9000$$

闭环放大倍数为

$$A_f＝\frac{A}{1+AF}＝\frac{9000}{1+9000\times0.01}＝98.9$$

闭环放大倍数 A_f 的相对变化量为

$$\frac{dA_f}{A_f}＝\frac{1}{1+AF}\cdot\frac{dA}{A}＝\frac{1}{1+9000\times0.01}(-10\%)\approx-0.11\%$$

　　由此可见，引入负反馈后，电压放大倍数下降，但其相对变化量却减小了，也就是说电压放大倍数的稳定性增强了。

3. 减少非线性失真

　　由于三极管的非线性，当放大电路的静态工作点选择不当或输入信号幅度过大时，会使三极管的动态工作范围进入非线性区域，造成输出信号的非线性失真，如图 4 - 14(a)所示。图中输出波形的失真是由三极管固有的非线性造成的，下面以输出波形出现上大下小为例，说明负反馈对非线性失真的改善作用。

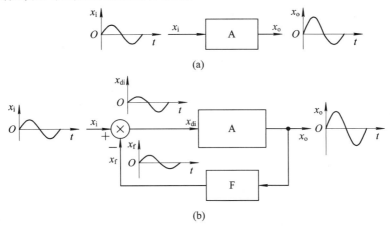

图 4 - 14　负反馈对非线性失真的改善

(a) 开环放大电路的非线性失真；(b) 负反馈对放大电路非线性失真的改善

　　引入负反馈后，反馈网络将输出端失真后的信号 x_o(上大下小)送回到输入端，因为反馈信号 x_f 与输出信号 x_o 成比例关系，仅有幅度的变化，形状仍然相同(上大下小)。净输入信号 x_{di} 为 x_i 与 x_f 之差，因此，净输入信号发生了某种程度的预失真(上小下大)，经过基本放大电路放大后，由于基本放大电路本身的失真和净输入信号的失真相反，在一定程度上互相抵消，输出信号的失真可大大减小，如图 4 - 14(b)所示。理论证明，由于三极管的非线性失真而产生的谐波，在引入负反馈后，谐波幅度将减小为开环时的 $\dfrac{1}{1+AF}$。

　　必须注意的是，对于输入信号本身就有的失真，用负反馈的方法是改善不了的，负反馈只能改善环内的非线性失真。

4. 扩展带宽

　　可以证明，引入负反馈后，放大器的带宽约展宽为原来的 $1+AF$ 倍。

5. 对反馈放大电路输入电阻和输出电阻的影响

　　放大电路引入负反馈后，对输入电阻和输出电阻均造成影响，具体的情况与反馈的类型有关。其中，比较方式的不同表现在放大电路的输入端，因此影响反馈放大电路的输入电阻；采样方式的不同表现在放大电路的输出端，影响放大电路的输出电阻。

　　1) 比较方式对输入电阻的影响

　　引入串联负反馈后，反馈放大电路的闭环输入电阻增大为开环时的 $1+AF$ 倍，便于从内阻较小的电压源获取信号，并联负反馈使放大电路的输入电阻减小为开环时的 $\dfrac{1}{1+AF}$，便于从内阻较大的电流源获取信号,这和我们前面得出的结论是一致的。

2)采样方式对输出电阻的影响

引入电压负反馈后,反馈放大电路的闭环输出电阻减小为开环时的 $\dfrac{1}{1+AF}$,有利于输出电压的稳定;电流负反馈使放大电路的输出电阻增大为开环时的 $1+AF$ 倍,具有稳定输出电流的能力。

此外,负反馈还可以抑制环内的噪声和干扰,使之减小到开环时的 $\dfrac{1}{1+AF}$。

综上所述,反馈放大电路牺牲了放大倍数,但换来了对放大电路性能的改善,可以使放大电路的放大倍数稳定性提高、减小非线性失真、扩展带宽、减小环内的噪声和干扰,还可以改变输入电阻和输出电阻。反馈越深,放大倍数的下降越多,但对放大电路性能的改善也越多。所以,在有些情况下,为了保证放大倍数,同时又能尽量地改善放大电路的性能,往往将放大电路的开环放大倍数做的较大,再加入深度负反馈来改善放大电路的性能。这也是集成运放的开环电压放大倍数都如此之大的原因之一。因此,在实际的放大电路中,几乎无一不采用负反馈,正确地分析和使用负反馈对放大电路的应用十分重要。

4.2.2 深度负反馈下的放大电路

对于反馈放大电路,可以采用以下几种方法进行计算:一是小信号等效电路分析法,对于结构简单的负反馈电路,比如分压式偏置的共射极电路、射极跟随器等,可以比较准确地计算出电路的性能指标,但对于复杂的反馈放大电路,这种方法显然不适合人工计算,但可以利用计算机来辅助分析,比较典型的电路分析程序有通用电路仿真程序(Popular Simulation Program with Integrated Circuit Emphasis,PSPICE)。二是分别求出开环放大倍数 A 和反馈系数 F,得出闭环放大倍数 A_f。但前提是必须将基本放大电路和反馈网络分离开来,才能求出 A 和 F,在很多时候这并不容易做到。第三种方法是在工程实践中经常采用的近似估算法——利用深度负反馈来估算闭环放大倍数和电路的输入电阻和输出电阻,这样会使计算更加简便。

1. 什么是深度负反馈

规定 $|1+\dot{A}\dot{F}| \gg 1$ 时的负反馈为深度负反馈,深度负反馈条件下的闭环增益 A_f 可近似为

$$A_f = \frac{A}{1+AF} \approx \frac{A}{AF} = \frac{1}{F} \qquad (4-8)$$

上式表明,负反馈程度较深时,闭环增益几乎仅取决于反馈网络 F。由于反馈网络大多是由电阻、电容等稳定的无源器件构成,几乎不随温度等外界因素变化,因此,深度负反馈放大电路非常稳定,这正是我们所需要的。

2. 深度负反馈下的放大电路分析

因为深度负反馈时有 $A_f \approx \dfrac{1}{F}$,即 $\dfrac{x_o}{x_i} \approx \dfrac{x_o}{x_f}$,因此可得

$$x_i \approx x_f$$

即

$$x_{di} = x_i - x_f \approx 0 \tag{4-9}$$

式(4-9)说明,由于深度负反馈时反馈信号极大,使净输入信号几乎为 0。利用这个推论可以很方便地估算出深度负反馈条件下的电压放大倍数。

例 4-5　估算图 4-12 所示电路的闭环电压放大倍数。

解　由前面的分析可知,反馈电阻 R_f、R_{e1} 和反馈电容 C_f 构成了级间电压串联负反馈,在输入端有 $u_i \approx u_f$,$u_{di} = u_{be} \approx 0$,,反馈电压 u_f 取自射极电阻 R_{e1} 和输出电压 u_o 的分压,即

$$u_i = u_f = u_{R_{e1}} = \frac{R_{e1}}{R_f + R_{e1}} u_o$$

整理可得闭环电压放大倍数为

$$A_{uf} = \frac{u_o}{u_i} = 1 + \frac{R_f}{R_{e1}}$$

小　结

1. 将放大电路的输出电压量或电流量的一部分或全部以某种方式送回输入端的过程叫做反馈。按照反馈的极性,有正反馈和负反馈之分。正反馈使净输入信号增大,电压放大倍数变大,但会引起放大电路的不稳定;负反馈使净输入信号减小,电压放大倍数下降,但可以改善放大器的性能,所以实用的放大电路中几乎都引入负反馈。

2. 直流负反馈能稳定放大电路的静态工作点,交流负反馈可以改善放大电路的交流性能。根据输出端采样方式和输入端比较方式的不同,交流负反馈可分为四种类型:电压串联负反馈、电流串联负反馈、电压并联负反馈和电流并联负反馈。电压负反馈可以稳定输出电压,电流负反馈可以稳定输出电流;串联负反馈适用于电压信号源,并联负反馈适用于电流信号源。

3. 负反馈降低了放大器的放大倍数,但换来了对放大器性能的改善。交流负反馈可以提高放大倍数的稳定性、减小非线性失真、扩展通频带、并改变反馈放大电路的输入电阻和输出电阻。

4. 用反馈深度 $1+AF$ 来衡量放大电路中负反馈的强弱。$1+AF$ 越大,负反馈越深,当 $|1+\dot{A}\dot{F}| \gg 1$ 时,称为深度负反馈。$1+AF$ 与电路性能的改善有密切的关系。

5. 深度负反馈时,反馈放大电路的电压放大倍数 $A_f \approx \frac{1}{F}$,几乎只与反馈网络有关。利用深度负反馈的近似条件,可以很方便地估算深度负反馈时的闭环电压放大倍数。

习　题

4.1　判断图 4-15 所示各电路中有无反馈?是直流反馈还是交流反馈?哪些构成了级间反馈?哪些构成了本级反馈?

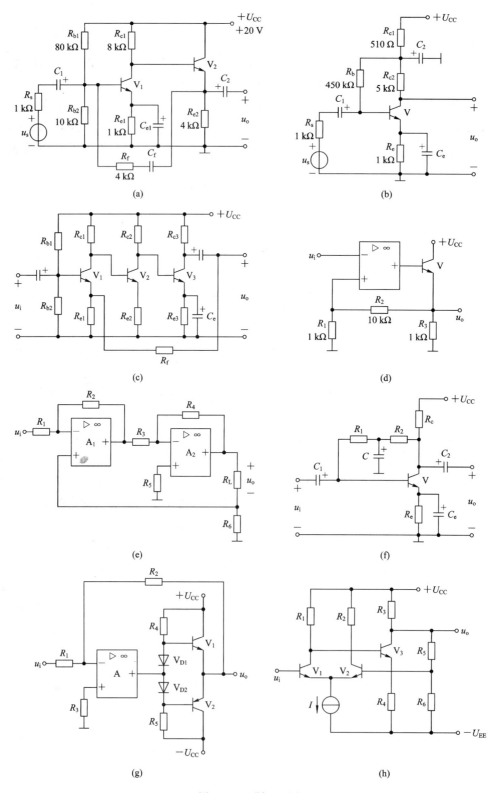

图 4-15 题 4.1 图

4.2　指出图 4-15 所示各电路中反馈的类型和极性，并在图中标出瞬时极性以及反馈电压或反馈电流。

4.3　某放大电路输入电压信号为 20 mV 时，输出电压为 2 V。引入负反馈后输出电压降低为 400 mV。问该电路的闭环电压放大倍数 A_f 和反馈系数 F 分别是多少？

4.4　一反馈放大器框图如图 4-16 所示，试求总的闭环增益 $A_f = \dfrac{x_o}{x_i}$ 的表达式。

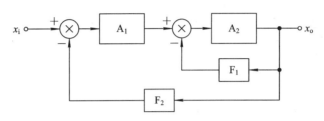

图 4-16　题 4.4 图

4.5　某反馈放大电路的闭环电压放大倍数为 40 dB，当开环电压放大倍数变化 10% 时，闭环放大倍数变化 1%，问开环电压放大倍数是多少 dB？

4.6　某放大电路的输入电压信号为 10 mV，开环时的输出电压为 14 V，引入反馈系数 $F=0.02$ 的电压串联负反馈后，输出电压变为多少？

4.7　某放大电路的开环电压放大倍数为 10^4，引入负反馈后，闭环电压放大倍数为 100。问当开环电压放大倍数变化 10% 时，闭环电压放大倍数的相对变化量是多少？

4.8　如果要求稳定输出电压，并提高输入电阻应该对放大器施加什么类型的负反馈？如果对于输入为高内阻信号源的电流放大器，应引入什么类型的负反馈？

4.9　在图 4-15 存在交流负反馈的电路中，哪些电路适用于高内阻信号源？哪些适用于低内阻信号源？哪些可以稳定输出电压？哪些可以稳定输出电流？

4.10　用图 4-17 所给的集成运算放大器 A、三极管 V_1、V_2 和反馈电阻 R_f 等元件和信号源一起构成反馈放大电路，要求分别实现：

(1) 电压串联负反馈；

(2) 电压并联负反馈；

(3) 电流串联负反馈；

(4) 电流并联负反馈。

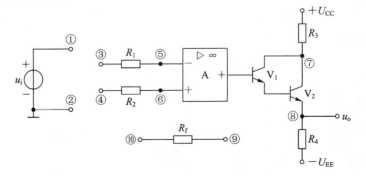

图 4-17　题 4.10 图

4.11　放大电路如图2-38所示，输出的一对电压信号 u_{o1} 和 u_{o2} 基本上大小相等、方向相反。试回答下列问题：

(1) 当输入幅值为 100 mV 的正弦交流电压信号时，u_{o1} 和 u_{o2} 各为多少？

(2) 对于 u_{o1} 和 u_{o2} 来说，反馈类型是否相同？各是什么类型的负反馈？

(3) 输出端接入 2 kΩ 的负载后，u_{o1} 和 u_{o2} 的变化是否相同？哪一个输出更稳定？为什么？

4.12　负反馈放大电路如图4-18所示，判断电路的负反馈类型。若要求引入电流并联负反馈，应如何修改此电路？

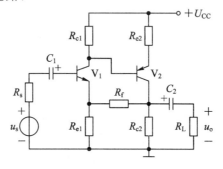

图 4-18　题 4.12 图

4.13　利用深度负反馈条件，推导图4-15中(a)、(c)电路的闭环电压放大倍数表达式。

技 能 实 训

带负反馈的集成运算放大电路的调测

一、技能要求

1. 了解怎样用集成运算放大器构成负反馈放大电路；

2. 了解负反馈对放大电路性能的影响。

二、实训内容

1. 利用集成运放 μA741，按图4-19搭接放大电路，注意正负电源的极性不能接反。

2. 用低频信号发生器给放大电路输入频率为 1 kHz、有效值为 10 mV 的正弦交流信号，用双踪示波器观察输入和输出电压信号，根据示波器显示的波形幅度计算电压放大倍数，并解释电压放大倍数下降(741 的开环差模电压放大倍数可达 100 dB 以上)和输出电压与输入电压反相的原因。

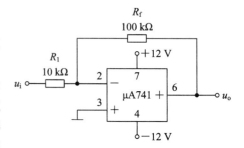

图 4-19　集成运放构成的反馈放大电路

3. 判断反馈类型，利用深度负反馈条件估算电路的电压放大倍数，并与实验测试出的电压放大倍数比较。

第 5 章　信号的运算与处理电路

在现代电子电路中，信号的运算与处理大多由集成电路来完成，而通用集成运算放大器更是得到了广泛的应用。信号的运算主要包括加法、减法、积分、微分、对数、指数以及乘法、除法等模拟信号运算。信号的处理主要包括有源滤波、电压比较器等信号处理电路。

本章介绍集成运算放大器在信号的运算与处理方面的基本应用。学习时首先要注意分清集成运算放大器是工作在线性状态还是非线性状态，然后再分析输入与输出之间的关系。

5.1　概　　述

集成运算放大器的电路符号如图 5-1(a)所示。图 5-1(a)是国家标准规定的符号，图 5-1(b)是国内外常用的符号，两图中的"▷"均代表信号的传输方向，本书采用(a)图的符号，符号中的 A(Amplifier，放大器)也可以省略。

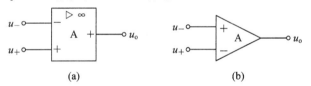

图 5-1　集成运算放大器的电路符号

(a) 国家标准规定的符号；(b) 国内外常用符号

1. 理想运算放大器的特点

由于通用型集成运放性能足够理想，因此把运算放大器理想化后得出的结论，对实际工程应用来讲已十分精确，还可以简化电路分析过程。所以本书出现的集成运算放大器如不特殊注明，均作以下理想处理：

(1) 开环差模电压放大倍数 $A_{od} \rightarrow \infty$；

(2) 差模输入电阻 $r_{id} \rightarrow \infty$；

(3) 输出电阻 $r_o \rightarrow 0$；

(4) 共模抑制比 $K_{CMRR} \rightarrow \infty$；

(5) 输入失调电压、输入失调电流及其温漂均为零。

(6) 带宽 $B_W \rightarrow \infty$。

根据应用电路的不同，集成运放可以工作在线性或非线性状态，要注意利用集成运放的理想特性来简化电路分析过程。

2. 线性工作状态

在实际应用中，很多集成运放都采用正、负双电源供电，而集成运放的输出电压不可能超越电源电压值，所以在忽略输出管管压降的情况下，输出电压的正、负向最大值分别约为正、负电源电压，也称为正、负向饱和值，即

$$\begin{cases} +U_{om} \approx +U_{CC} \\ -U_{om} \approx -U_{CC} \end{cases} \qquad (5-1)$$

由于集成运放的电压放大倍数极大，因此只有当输入信号极小、输出电压小于电源电压的有效值时，输出与输入之间才是线性的放大关系。将集成运放的特性理想化后，根据 $u_o = A_{od}(u_+ - u_-)$，可得 $u_+ - u_- = \dfrac{u_o}{A_{od}} \rightarrow 0$，即

$$u_+ \approx u_- \qquad (5-2)$$

式(5-2)说明线性状态下的集成运放两输入端电压近似相等，称为"虚短路"，即虚短。

必须注意的是，由于 $A_{od} \rightarrow \infty$，输入信号的极小变化就可能使输出达到电源电压的饱和值，这时输入再变化，输出也只能是接近电源电压的饱和值，不再随输入变化了，从而失去了线性放大作用。所以，在实际应用中，必须给集成运放加入负反馈，才能保证虚短的成立。这实际上与式(4-9)表达的深度负反馈时反馈信号极大，使净输入信号几乎为 0 的结论是一致的。可以这样认为：虚短仅在一定条件下成立，成立的条件就是集成运放工作在接入负反馈后的线性电路中。否则将任何电路中的集成运放一律处理为虚短，将使电路分析出现严重错误。

由于理想运放的差模输入电阻趋于无穷大，所以运放两个输入端的输入电流也趋于零，即

$$i_+ = i_- \approx 0 \qquad (5-3)$$

上式说明集成运放的输入端几乎不取电流，称为"虚断路"，即虚断。

式(5-2)和(5-3)是分析工作在线性区的理想运放电路输出与输入关系的基本出发点。当然，这两个条件是将集成运放完全理想化的结果，实际上是不可能的，但对工程实际来讲，由此得出的结论已足够精确。

需要注意的是，虚短和虚断只是在理论分析时的近似等效，实际应用时切不可将集成运放的同相端和反相端用导线连接起来或将这两处断开。

3. 非线性工作状态

如果集成运放工作在开环状态甚至在正反馈状态，虚短是不成立的。在这两种情况下，由于集成运放的开环电压放大倍数极大，只要两输入端信号有微弱的差值就会使集成运放的输出超出线性区域，达到正、负向饱和值，称此时的集成运放工作于非线性工作状态。

思考题

1. 虚短和虚断是何含义？应用虚短和虚断的前提条件是什么？
2. 在集成运放的线性应用电路中可否将虚短端用导线短接到一起？为什么？

5.2 基本运算电路

集成运算放大器的主要运算电路有加法、减法、积分、微分、对数及指数运算等，为使

输出与输入满足以上基本运算关系，集成运放应工作在负反馈条件下的线性工作状态。

5.2.1　比例运算电路

1. 反相比例运算电路

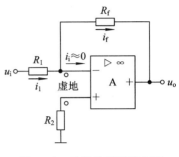

图 5 - 2 为运算放大器的一种基本电路形式，其特点是输入信号 u_i 从反相输入端加入，因此称为反相比例运算电路。图中 R_f 与 R_1 构成此电路的电压并联负反馈。

由于虚断，电阻 R_2 上的电流为 0，因此 u_+ 与地电位相等，有 $u_+ = u_- \approx 0$ 成立。也就是说，反相输入端近似为地电位。但实际上反相端并未直接接地，也未与同相端直接相连，所以称反相输入端为"虚地"，这是虚短的一种特例情况。

图 5 - 2　反相比例运算电路

再由虚断 $i_i \approx 0$ 可知 $i_1 = i_f$，即

$$\frac{u_i - u_-}{R_1} = \frac{u_- - u_o}{R_f}$$

因为 $u_- \approx u_+ = 0$，所以可以得出输出电压与输入电压的关系为

$$u_o = -\frac{R_f}{R_1} u_i \tag{5-4}$$

式(5 - 4)说明，图 5 - 2 的输出是一种反相比例运算，比例系数为 $-\dfrac{R_f}{R_1}$，式中的负号表示输入、输出电压极性相反。从反馈的角度看，反相比例运算电路是深度电压并联负反馈电路，因此其输入、输出电阻均减小。由"虚地"的概念可知，其输入电阻近似为 R_1，输出电阻趋近于 0。

为保证运放同相、反相输入端电路结构的对称，从而使集成运放内部的差分输入级更好地抑制零点漂移，R_2 按 $R_1 /\!/ R_f$ 的大小选择，称 R_2 为平衡电阻。

2. 同相比例运算电路

图 5 - 3 所示为同相比例运算电路。

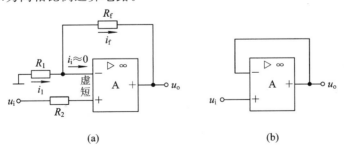

(a)　　　　　　　　　　　　　　(b)

图 5 - 3　同相比例运算电路及电压跟随器

(a) 同相比例运算电路；(b) 电压跟随器

由虚短和虚断可得 $u_+ \approx u_- = u_i$ 和 $i_1 = i_f$，所以

$$\frac{0 - u_-}{R_1} = \frac{u_- - u_o}{R_f}$$

将式 $u_+ \approx u_- = u_i$ 代入，整理可得

$$u_o = \left(1 + \frac{R_f}{R_1}\right)u_i \tag{5-5}$$

式(5-5)表明，输出电压与输入电压同相，比例系数由电路参数决定。

图 5-3(b)所示电路为电压跟随器，它是同相比例运算电路的一个特例。由于 $u_o \approx u_-$，$u_- \approx u_+ = u_i$，所以

$$u_o = u_i \tag{5-6}$$

也就是说该电路的 $A_u = 1$。

电压跟随器具有与三极管 BJT 构成的射极跟随器类似的电路特点，常用作缓冲器。

5.2.2 加法运算电路

在模拟仪表、电视机显像等电路中经常需要将一些信号作相加运算，图 5-4 为反相输入信号的加法运算电路。

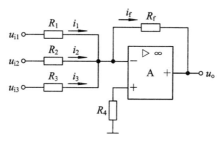

图 5-4 反相输入的加法运算电路

由虚短与虚断可得 $u_- \approx u_+ = 0$ 且 $i_1 + i_2 + i_3 = i_f$，所以有

$$\frac{u_{i1}}{R_1} + \frac{u_{i2}}{R_2} + \frac{u_{i2}}{R_3} = \frac{0 - u_o}{R_f}$$

即

$$u_o = -R_f \left(\frac{u_{i1}}{R_1} + \frac{u_{i2}}{R_2} + \frac{u_{i3}}{R_3}\right) \tag{5-7}$$

由上式可知，输出电压是将各输入电压按比例求和。

例 5-1 同相输入加法电路如图 5-5 所示，试求输出电压与输入电压的关系式。

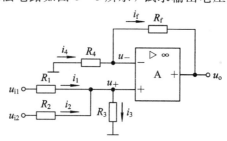

图 5-5 例 5-1 的电路图

解 根据虚短和虚断可以得到同相和反相输入端的方程为

$$\begin{cases} \dfrac{0 - u_-}{R_4} = \dfrac{u_- - u_o}{R_f} \\[2mm] \dfrac{u_{i1} - u_+}{R_1} + \dfrac{u_{i2} - u_+}{R_2} = \dfrac{u_+ - 0}{R_3} \\[2mm] u_- = u_+ \end{cases}$$

解以上方程组并整理可得

$$u_o = \left(1 + \frac{R_f}{R_4}\right)(R_1 \mathbin{/\mkern-5mu/} R_2 \mathbin{/\mkern-5mu/} R_3)\left(\frac{u_{i1}}{R_1} + \frac{u_{i2}}{R_2}\right) \tag{5-8}$$

5.2.3　减法运算电路

减法运算电路如图 5-6 所示，因为 u_{i1} 和 u_{i2} 分别从集成运放的反相端和同相端输入，可以预见，输出信号 u_o 的形式应为 u_{i2} 与 u_{i1} 的某种差值，具体的运算关系可以采用叠加原理来分析。

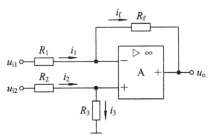

图 5-6　减法运算电路

当假设 $u_{i2} = 0$，只考虑 u_{i1} 时，由反相比例电路可得此时的输出电压 u_{o1} 为

$$u_{o1} = -\frac{R_f}{R_1}u_{i1}$$

反之，仅考虑 u_{i2} 时，此电路等效为一个同相比例电路。由 $u_+ = \dfrac{R_3}{R_2 + R_3}u_{i2}$ 可得此时电路的输出电压 u_{o2} 为

$$u_{o2} = \left(1 + \frac{R_f}{R_1}\right)u_+ = \left(1 + \frac{R_f}{R_1}\right)\left(\frac{R_3}{R_2 + R_3}\right)u_{i2}$$

所以，当 u_{i1} 和 u_{i2} 同时作用时的输出 u_o 为 u_{o1} 和 u_{o2} 的叠加，即

$$u_o = u_{o1} + u_{o2} = \left(1 + \frac{R_f}{R_1}\right)\left(\frac{R_3}{R_2 + R_3}\right)u_{i2} - \frac{R_f}{R_1}u_{i1} \tag{5-9}$$

如取 $R_1 = R_2 = R_3 = R_f$，则

$$u_o = u_{i2} - u_{i1} \tag{5-10}$$

5.2.4　积分和微分运算电路

1. 积分运算

积分运算电路能将正弦波电压变换为余弦波电压，实现波形的移相；若输入方波电压，则输出为三角波电压，可以实现波形变换。另外，积分运算电路还可以实现滤波功能。可见，积分运算电路可以实现多方面的功能。图 5-7(a) 为积分运算电路，根据虚短与虚断

的概念有 $i_1 = i_C = \dfrac{u_i - u_-}{R_1} = \dfrac{u_i}{R_1}$，所以可得输出电压为

$$u_o = -u_C = -\frac{1}{R_1 C}\int u_i \, \mathrm{d}t \tag{5-11}$$

式(5-11)表明输出电压是输入电压对时间的积分。

当输入为图5-7(b)所示的正向阶跃电压时，由式(5-11)可知积分电路的输出为

$$u_o = -\frac{U}{R_1 C}t$$

输入和输出电压的关系如图5-7(b)所示。集成运放构成的积分运算电路输出电压线性较好，输出电压的最大数值为电源电压。

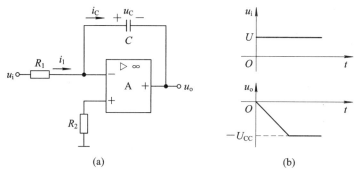

图5-7 积分运算电路

(a) 积分运算电路；(b) $u_i = U$ 时的输入与输出电压波形(初始 $u_C = 0$)

2. 微分电路

微分是积分的逆运算，将积分电路的电阻与电容互换位置就是微分电路，如图5-8(a)所示。经分析可知，因为 $i_1 = i_C = C\dfrac{\mathrm{d}u_i}{\mathrm{d}t}$，所以微分电路的输出为

$$u_o = -i_1 R = -R_1 C \int u_i \, \mathrm{d}t \tag{5-12}$$

式(5-12)表明输出电压是输入电压对时间的微分。

如果在微分运算电路的输入端加入阶跃电压，输出电压就很快衰减为零的单峰尖脉冲，如图5-8(b)所示。若在输入端加入矩形波，则在输出端可以得到正负尖峰脉冲。

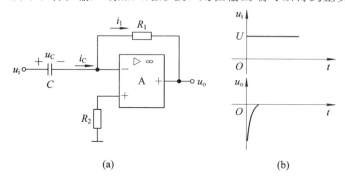

图5-8 微分运算电路

(a) 微分运算电路；(b) $u_i = U$ 时的输入与输出电压波形

思考题

1. 集成运放电路中的平衡电阻的作用是什么？如何取值？

2. 集成运放的积分电路如图 5-7(a)所示，为什么图 5-7(b)中的输出电压在一段时间后变为恒定值？

5.3　有源滤波电路

5.3.1　基本概念

滤波电路是一种能使有用频率信号通过，同时抑制无用频率信号的电子电路。工程上常用滤波电路作信号处理、数据传送和抑制干扰等使用。相对于传统的 RC、LC 滤波电路、陶瓷滤波电路等无源滤波电路，集成运算放大器组成的有源滤波电路具有体积小、负载能力强、滤波效果好等优点，而且兼有放大作用。

对于滤波电路的幅频特性，把能够通过的信号频率范围定义为通带，把受阻或衰减的信号频率范围称为阻带，通带和阻带的界限频率叫做截止频率。一般，理想滤波电路在通带内应具有零衰减的幅频响应和线性的相位响应，而在阻带内幅频响应为零。常见的低通、高通、带通和带阻滤波电路的理想幅频特性如图 5-9 所示。

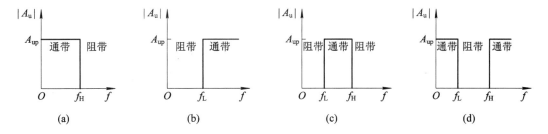

图 5-9　滤波电路的理想特性

（a）低通滤波；（b）高通滤波；（c）带通滤波；（d）带阻滤波

实际的滤波电路中，在截止频率处，电压的下降不是绝对垂直的。规定当电压增益下降到通频带内电压增益 A_{up} 的 0.707 时所对应的频率为截止频率。

5.3.2　低通滤波电路

图 5-10 所示为一阶低通有源滤波电路，该电路允许输入信号中的低频分量通过，而将高频信号阻隔掉。该电路仅比同相比例运算放大电路多了一个电容 C，因为

$$u_+ = \frac{\dfrac{1}{j\omega C}}{R + \dfrac{1}{j\omega C}} u_i = \frac{1}{1 + j\omega RC} u_i$$

所以借用同相比例运算电路的结论 $u_o = \left(1 + \dfrac{R_2}{R_1}\right) u_+$ 可得

$$A_u = \frac{u_o}{u_i} = \frac{1 + \dfrac{R_2}{R_1}}{1 + j\omega RC} \tag{5-13}$$

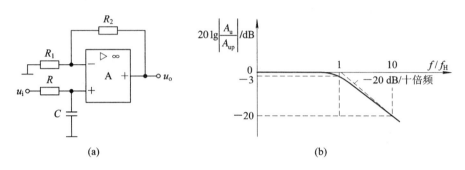

图 5-10　一阶低通有源滤波电路

(a) 带同相比例放大的一阶低通有源滤波电路；(b) 幅频特性(对数)

由式(5-13)可知，当输入信号频率较低时，$|A_u|$ 基本不变。输入信号频率大到一定值时，$|A_u|$ 开始下降。当 $f_H = \dfrac{1}{2\pi RC}$ 时，$|A_u|$ 下降到原来的 0.707。如果对 $|A_u|$ 取对数，则得到低通滤波电路的对数幅频特性，如图 5-10(b)所示。因为

$$|A_u| = 20\lg \frac{1 + \dfrac{R_2}{R_1}}{\sqrt{1 + \left(\dfrac{f}{f_H}\right)^2}} \tag{5-14}$$

可知，当 $f \gg f_H$ 时，滤波电路的对数幅频特性曲线以 -20 dB/十倍频的斜率衰减。

为改善滤波效果，使 $f > f_H$ 时信号可以衰减得更快，常将两节 RC 电路串接起来，如图 5-11(a)所示，称为二阶有源低通滤波电路，相应的对数幅频特性如图 5-11(b)所示，截止频率 $f_H = \dfrac{1}{2\pi RC}$，要求 $R_2 < 2R_1$。

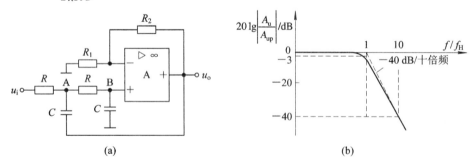

图 5-11　二阶有源低通滤波电路

(a) 二阶有源低通滤波电路；(b) 幅频特性(对数)

5.3.3　高通滤波电路

与低通滤波电路相反，高通滤波电路允许输入信号中的高频成分通过，而将低频成分阻隔。将低通滤波电路 RC 网络中的电阻和电容位置对调就可构成高通滤波电路。图

5 - 12 为一阶有源高通滤波电路，图 5 - 13 为二阶有源高通滤波电路及其幅频特性。同样
图 5 - 13 所示滤波电路的转折频率 $f_L = \dfrac{1}{2\pi RC}$，要求 $R_2 < 2R_1$。

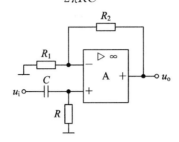

图 5 - 12　一阶有源高通滤波电路

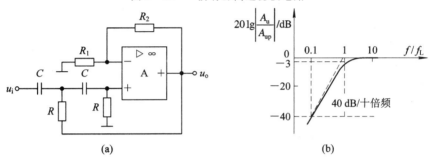

(a)　　　　　　　　　　　　　　**(b)**

图 5 - 13　二阶有源高通滤波电路

（a）二阶有源高通滤波电路；（b）幅频特性（对数）

5.3.4　带通滤波电路和带阻滤波电路

1. 带通滤波电路

带通滤波电路允许输入信号中的某一频段信号通过，而将该段频率以外的频率成分滤
除。组成带通滤波电路的形式有多种，可将上述的高通滤波电路和低通滤波电路串联起来
使用，如图 5 - 14 所示。

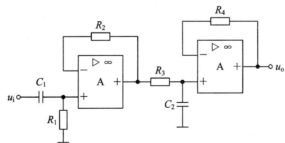

图 5 - 14　带通滤波电路

也可以用一个运放来完成该功能，图 5 - 15 所示为集成运放构成的二阶有源带通滤波
电路，其通带的中心频率为

$$f_0 = \frac{1}{2\pi}\sqrt{\frac{R_1 + R_3}{R_1 R_2 R_3 C_1 C_2}} \tag{5-15}$$

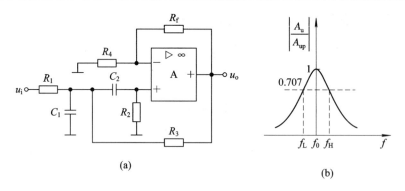

(a)

图 5-15　二阶有源带通滤波电路

（a）二阶有源带通滤波电路；（b）幅频特性

2. 带阻滤波电路

带阻滤波电路的功能和带通滤波电路的功能相反，是用来抑制或衰减某一频段的信号，而让该频段以外的所有信号通过。带阻滤波电路也叫做陷波电路，常用于电子系统抗干扰。带阻滤波电路的电路形式也较多，可由低通滤波电路和高通滤波电路并联构成。

图 5-16(a)所示为一双 T 网络二阶有源带阻滤波电路，其中 T 型低通滤波电路的截止频率一定要小于高通滤波电路的截止频率。图中 $\dfrac{R}{2}$ 电阻和运算放大器的输出端成正反馈形式，可以使带阻滤波电路的选频特性更好。图 5-16(b)所示为带阻滤波电路的选频特性，其阻带的中心频率为

$$f_0 = \frac{1}{2\pi RC} \tag{5-16}$$

式(5-16)中的 f_0 称为陷波频率。

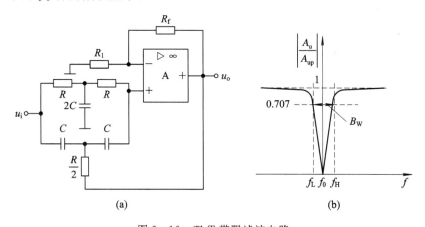

(a)　　　　　　　　　　　(b)

图 5-16　双 T 带阻滤波电路

（a）双 T 带阻滤波电路；（b）幅频特性

思考题

有源滤波电路有何优点？

5.4　电 压 比 较 器

电压比较器是由工作在非线性状态的集成运放构成的，要么开环、要么就是正反馈状态。由于没有负反馈使集成运放的两个输入端处于虚短状态，集成运放的开环电压放大倍数又非常大，因此只要两输入端的信号有微小的不同，集成运放的输出值就立即饱和，不是处于正向输出最大值$+U_{om}$，就是处于负向输出最大值$-U_{om}$，只有两种输出状态。在不对输出电压限幅的条件下，这两个电压值近似等于正、负电源电压。利用集成运算放大器的上述特性，可以构成各种电压比较器。因此，电压比较器就是利用电路输出的两个状态鉴别输入电压相对于参考电压的大小的电路。比较器不仅用于非正弦信号产生电路，还常用于报警电路、模数和数模转换等电路中。

5.4.1　单门限电压比较器

图 5-17 是最简单的单门限电压比较器，电路中无反馈环节，运放工作在开环状态。输入电压u_i接在反相输入端，参考电压U_{REF}接在同相输入端，U_{REF}为正、负或 0 均可。

当$u_i < U_{REF}$时，集成运放的输入电压为$u_+ - u_- = U_{REF} - u_i > 0$，处于正饱和状态，输出电压$u_o = +U_{om}$；而当输入电压逐渐升高到略大于参考电压$U_{REF}$时，运放的输入电压为$U_{REF} - u_i < 0$，运放的高电压增益意味着输入信号的线性范围极窄，所以运放迅速跳变到负饱和状态，输出电压$u_o = -U_{om}$。可以知道，如输入信号又从大到小变化，输出则会发生相反的变化过程。所以，输出电压的正饱和值和负饱和值分别代表u_i小于和大于U_{REF}的两种情况。

以输入电压值为横轴，输出电压的大小为纵轴，可以画出图 5-17 所示的单门限电压比较器的传输特性，如图 5-18 中的实线所示，比较器输出状态发生改变时的输入电压U_{REF}称为阈值电压或门限电压，记为U_T。图 5-17 中的比较器从反相输入端输入信号且只有一个门限电压，所以称为反相输入单门限电压比较器。

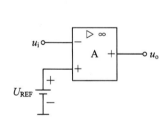

图 5-17　反相输入的基本单门限电压比较器

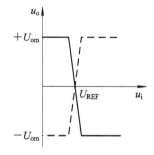

图 5-18　反相输入的基本单门限电压
比较器的传输特性

若将输入信号与参考电压位置互换，就成为同相输入单门限电压比较器，比较器的阈值电压仍然是U_T，但输出的情况和反相输入时相反，其电压传输特性曲线如图 5-18 中的虚线所示。阈值电压为 0 的叫做过零比较器。

当输入信号的大小恰好在阈值电压附近，电路中又存在干扰信号时，就会发生输入电压频繁地经过阈值，对应的输出电压也随之发生频繁跳变的现象，电路将失去比较能力并且使输出信号极不稳定，如图5-19所示的输出与输入关系。所以，单门限电压比较器的电路简单、灵敏度高，但抗干扰能力差，不能用于干扰严重的场合。

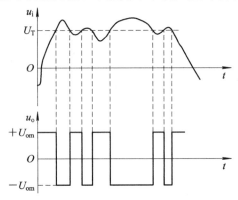

图5-19　反相输入单门限电压比较器加入受干扰输入信号时的输出波形

比较器除可指示输入电压信号的相对大小以外，还可以用来做波形变换。

例5-2　图5-20为同相输入过零比较器，饱和电压为±12 V，稳压管的稳定电压值为±6 V，当输入峰值为5 V的正弦交流信号时，画出输出电压波形并说明稳压二极管的作用。

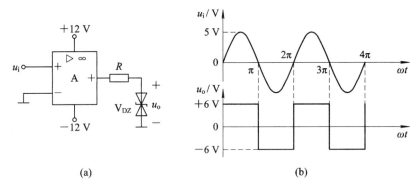

(a)　(b)

图5-20　例5-2的电路图与输入输出波形
(a) 同相输入过零比较器；(b) 输入与输出波形

解　对于同相输入的过零比较器，输入信号电压小于0时输出为负饱和，反之输出为正饱和，因此对于周期性变化的正弦输入信号来说，输出则是频率与正弦输入信号相同的方波。不接入稳压二极管时的输出电压为±12 V，接入反向串接的稳压二极管后，在饱和输出电压的作用下，不论输出正负，两个稳压二极管均处于一个正偏导通、一个击穿稳压的状态，忽略正偏二极管的导通压降，则输出电压被限制在±6 V，R为限流电阻。

5.4.2　双门限电压比较器——迟滞比较器

为克服单门限电压比较器抗干扰能力差的缺点，在比较器电路中引入正反馈，可以构成抗干扰能力较强的双门限电压比较器——迟滞比较器。

图5-21所示为迟滞电压比较器的电路图，电路中引入的正反馈使门限电压由参考电压和输出饱和值共同决定，而饱和值有正、负两个，所以电路将有两个分别对应于$+U_{om}$和$-U_{om}$的门限电压，故称双门限比较器，也叫迟滞比较器或施密特触发器。双门限中较大的

一个称为上门限电压 U_{T+}，较小的叫做下门限电压 U_{T-}[①]。正反馈使电路的放大倍数更大，集成运放仍然工作于非线性状态。

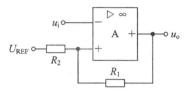

图 5 - 21　反相输入双门限电压比较器(迟滞比较器)

当输入信号变化时，迟滞比较器将有如下工作过程。

1. 输入电压由小到大

由于信号从反相输入，当 u_i 足够小时，必有 $u_i = u_- < u_+$，则 $u_o = +U_{om}$。可应用叠加原理计算出对应于 $+U_{om}$ 时的同相端电压，即上门限电压为

$$U_{T+} = \frac{R_1}{R_1 + R_2} U_{REF} + \frac{R_2}{R_1 + R_2} U_{om} \qquad (5-17)$$

显然，输入增大到 U_{T+} 之前，u_o 始终为 $+U_{om}$，如图 5 - 22 所示传输特性中的 AB 段。

当输入继续增加到略大于 U_{T+} 时，集成运放的差分输入电压为负，使 u_o 翻转到 $-U_{om}$，值得注意的是，随着输出电压的翻转，门限电压也发生了变化，对应于输出 $-U_{om}$ 时的门限电压较小，为 U_{T-}，即

$$U_{T-} = \frac{R_1}{R_1 + R_2} U_{REF} - \frac{R_2}{R_1 + R_2} U_{om} \qquad (5-18)$$

很明显，有 $U_{T+} > U_{T-}$，所以称 U_{T+} 为上门限电压、U_{T-} 为下门限电压。

如果 u_i 继续增加，输出将始终保持 $-U_{om}$ 不变，其传输特性如图 5 - 22 所示的 BCD 段。

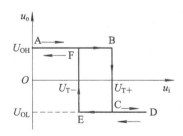

图 5 - 22　迟滞比较器的传输特性曲线

2. 输入电压由大到小

当输入 u_i 足够大时，集成运放的净输入电压为负，所以有 $u_o = -U_{om}$。此时的门限电压为 U_{T-}。显然，输入减小到小于 U_{T+}，且大于 U_{T-} 之前，u_o 仍然为 $-U_{om}$，如图 5 - 22 所示传输特性中的 DE 段。

当输入继续减小到略小于 U_{T-} 时，u_o 翻转为 $+U_{om}$，同样，门限电压也随之发生变化，由 U_{T-} 变为 U_{T+}。

如果输入 u_i 继续下降，输出将保持 $+U_{om}$ 不变，相应的传输特性如图 5 - 22 所示的

---

① 上、下门限电压也分别叫做上、下限触发电压或正、负向阈值电压。

EFA 段。

U_{T+} 和 U_{T-} 的差值定义为回差电压 ΔU_T，即

$$\Delta U_T = U_{T+} - U_{T-} \qquad\qquad (5-19)$$

从传输特性曲线上可以看出，反相输入迟滞比较器的特点是：当输入电压从小到大变化时，直至较大的门限电压 U_{T+}，输出电压由 $+U_{om}$ 翻转为 $-U_{om}$；当输入电压从大到小变化时，直至较小的门限电压 U_{T-}，输出电压由 $-U_{om}$ 翻转为 $+U_{om}$。所以，当输出电压翻转以后，如果输入受到干扰，只要干扰电压的大小小于回差电压，迟滞比较器的输出就不会再翻转回去。因此，回差电压的大小代表了迟滞比较器抗干扰能力的大小，通过改变 R_1、R_2 的值可以调节回差电压的大小。

迟滞比较器具有两个门限电压，抗干扰能力强，但灵敏度较差。如将图 5-19 中的输入信号送入门限电压如图 5-21 所示的迟滞比较器中，从图 5-23 的输出波形看出，输出端不再频繁翻转，提高了比较器的抗干扰能力。

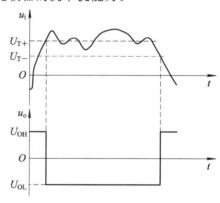

图 5-23　迟滞比较器的抗干扰作用

由于迟滞比较器具有良好的抗干扰特性，因而广泛地应用于幅度鉴别、整形及波形变换电路中，也可以用在各种自动控制电路中。

同相输入的迟滞比较器工作原理类似，不再赘述。

思考题

1. 电压比较器有何作用？
2. 迟滞比较器有何优点？

5.5　集成运放应用中的一些实际问题

1. 集成运放的电源

集成运放所加的电源有单电源和双电源之分，使用时要分清楚。有些要求用双电源的运放，也可以采用单电源供电，但必须在输入端加偏置电阻进行配置。另外，所加的电源通常并联 $0.01\ \mu F$ 的电容用来滤除纹波。

2. 输入端外加电阻及反馈电路

不同的运放对外接电阻值的大小有不同的要求，但一般输入端外接电阻和其输出端的

反馈电阻以十几千欧以上的阻值为宜,电阻太小,电路不能正常工作。

对于运算精度要求较高的电路,在加入输入信号之前要进行静态调零,即输入信号为零时,输出端无静态漂移,电路达到零入零出的状态。

3. 保护问题

使用时要注意对集成运放的保护。如在两输入端并联两个正负极性并接的二极管以防止输入电压过压,在输出端加限流电阻以防止过流等。

思考题

1. 有些双电源运放是否可以用单电源供电?
2. 运放的外接电阻大小是否无限制? 运放在使用时为什么要先调零?

小　结

1. 本章的核心问题是利用集成运放对信号进行运算及处理,集成运放可以工作在线性或非线性状态。

2. 集成运放的基本运算电路有比例、加减、积分、微分、对数、指数等。由于集成运放工作于外加负反馈的线性状态,所以分析问题的关键是正确应用虚短和虚断的概念。

3. 有源滤波电路属于信号处理电路,具有选频作用,在完成滤波功能的同时,还具有放大作用。

4. 电压比较器有单门限电压比较器和双门限电压比较器之分。单门限电压比较器中的集成运放工作在开环状态,双门限电压比较器中的集成运放工作在闭环正反馈状态,也叫迟滞比较器。电压比较器的输出仅有正饱和值和负饱和值两种,所以可以用来指示输入电压相对于参考电压的大小。电压比较器中的集成运放是非线性应用,不能用虚短和虚断去分析和处理电路。

习　题

5.1　图 5-24 所示电路中的理想集成运算放大器的开环电压放大倍数为 10^4,最大输出电压为 ± 10 V,并在开环状态下满足零入零出的要求。问:当输入电压 u_i 分别为 ± 0.5 mV、± 5 mV 和 ± 50 mV 时的输出电压值分别是多少? 该电路的线性放大范围是多少?

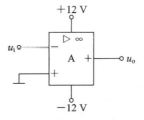

图 5-24　题 5.1 图

5.2 集成运算放大器电路如图 5-25 所示，试计算图中输出电压 u_o 的大小。

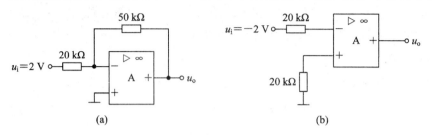

(a)　　　　　　　　　　　　　　　　　　(b)

图 5-25　题 5.2 图

5.3 在图 5-26 所示电路中，已知 $u_i > U_Z$，试写出 u_o 与 U_Z 的关系式，并说明此电路的功能。

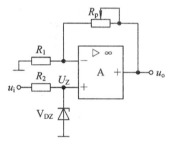

图 5-26　题 5.3 图

5.4 求出图 5-27 所示电路中 u_o 与 u_{i1}、u_{i2}、u_{i3} 的关系式。

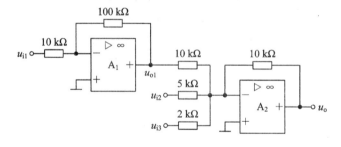

图 5-27　题 5.4 图

5.5 同相输入加法电路如图 5-28 所示，求图中输出电压 u_o 的表达式。当 $R_1 = R_2 = R_3 = R_4$ 时，$u_o = ?$

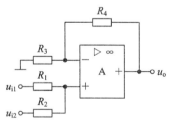

图 5-28　题 5.5 图

5.6 在图 5-29 所示电路中，已知 $R_f = 3R_1$，$u_i = 1.5 \text{ V}$，求 u_o。

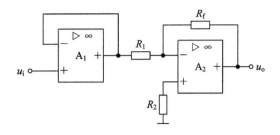

图 5 - 29　题 5.6 图

5.7　集成运算放大器电路如图 5 - 30 所示，试分析输出电压 u_o 的可调范围，其中 $R_1=R_2=R_p=100$ kΩ。

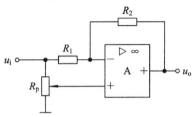

图 5 - 30　题 5.7 图

5.8　加减运算电路如图 5 - 31 所示，求输出电压 u_o 的表达式。已知 $R_1=40$ kΩ、$R_2=25$ kΩ、$R_3=10$ kΩ、$R_4=20$ kΩ、$R_5=30$ kΩ、$R_6=50$ kΩ。

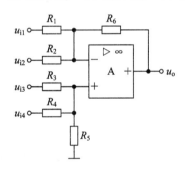

图 5 - 31　题 5.8 图

5.9　在图 5 - 32 所示的集成运放电路中，$R_1=R_2=R_3=R_4$，试求 u_o 与 u_{i1}、u_{i2} 的关系。

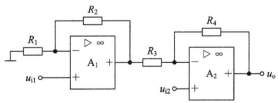

图 5 - 32　题 5.9 图

5.10　测量系统中常用的仪用放大器电路如图 5 - 33 所示，求电路输出电压 u_o 对差分输入信号 u_{i1}、u_{i2} 的电压增益 A_u，即 $A_u=\dfrac{u_o}{u_{i2}-u_{i1}}$。

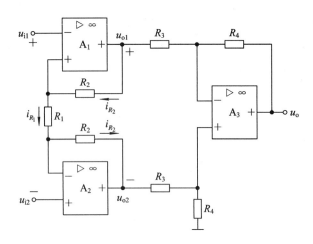

图 5 - 33　题 5.10 图

5.11　在图 5 - 34 所示的电路中，试求输出电压与输入电压的关系式。

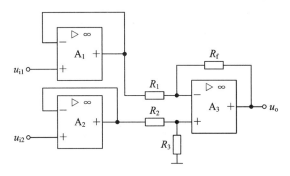

图 5 - 34　题 5.11 图

5.12　试写出图 5 - 35 所示电路中 u_o 与 u_i 的关系式。

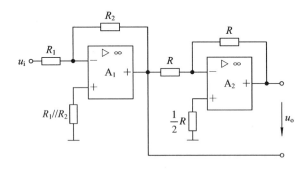

图 5 - 35　题 5.12 图

5.13　由理想运算放大器构成的直流毫伏表电路如图 5 - 36 所示。

（1）当 $R_2 \gg R_3$ 时，试证明 $u_s = (R_3 R_1 / R_2) I_M$；

（2）若 $R_1 = R_2 = 150$ kΩ，$R_3 = 1$ kΩ，则输入信号电压 $u_s = 100$ mV 时，通过毫伏表的最大电流 $I_{M(max)}$ 是多少。

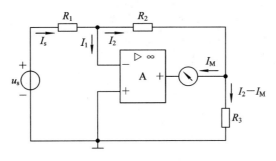

图 5 - 36　题 5.13 图

5.14　在下列几种情况下，应分别采用哪种类型的滤波电路(低通、高通、带通、带阻)，并定性画出其幅频特性。

(1) 有用信号频率为 100 Hz；

(2) 有用信号频率低于 400 Hz；

(3) 希望抑制 50 Hz 交流电源的干扰；

(4) 希望抑制 500 Hz 以下的信号。

5.15　画出图 5 - 37 所示电路的输出电压波形，其中 $R_1 = 10$ kΩ，$C = 1$ μF。

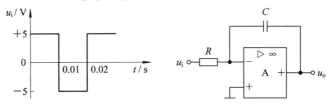

图 5 - 37　题 5.15 图

5.16　在图 5 - 38 所示电路中，$R_1 = R_2 = R_3 = 10$ kΩ，$R_4 = R_5 = 20$ kΩ，$C = 1$ μF，$u_{i1} = 1.1$ V，$u_{i2} = 1$ V。

(1) 求 u_o 从 0 上升到 10 V 所需的时间；

(2) 当运算放大器所用电源为 ±15 V 时，在接通电源 1 秒后，输出电压 u_o 为何值？

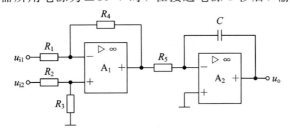

图 5 - 38　题 5.16 图

5.17　在图 5 - 39 所示电路中，$R = 100$ kΩ，$C = 1$ μF，试根据输入条件，求出输出电压。

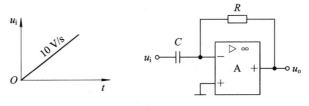

图 5 - 39　题 5.17 图

5.18 图 5-40 所示的电压比较器中,已知集成运放为理想的,$U_{REF} = 2$ V,集成运放的饱和电压为 ±12 V,双向稳压管的稳定电压 $U_Z = \pm 6$ V。

(1) 画出各比较器的电压传输特性曲线;

(2) 若输入电压为 5 sinωt(V) 的正弦输入信号,画出各电路的输出电压波形。

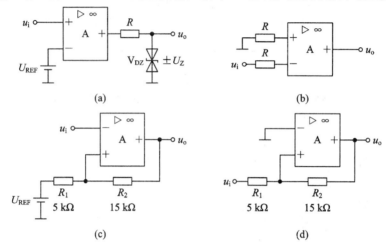

图 5-40 题 5.18 图

5.19 图 5-41 所示电路为简单的监控报警装置。u_i 是传感器对温度、压力等被监控量传感而取得的电压信号,U_{REF} 为参考电压。当 u_i 超过设定的正常值时,报警灯发光,试分析该电路的工作原理,并回答下列问题:

(1) 电阻 R_4 和二极管 V_D 的作用是什么?

(2) 若将电路中的迟滞电压比较器替换为单门限比较器,可能会出现什么问题?

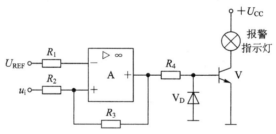

图 5-41 题 5.19 图

技 能 实 训

实训一　常用集成运放

一、技能要求

1. 熟悉常用集成运放管脚排列及参数;

2. 会正确使用常用集成运放;

3. 熟悉常用集成运放的测试。

二、实训内容

1. 画出 LM324、μA741、OP27 的管脚图并标出所对应的名称；

2. 分别用 LM324、μA741、OP27 搭接电压放大倍数为 100 的反相放大器；

3. 输出电压的最大值为 10 V。

实训二　放大器的设计

一、技能要求

1. 加深对集成运算放大器的认识；

2. 熟悉集成运算放大器电路的性能指标。

二、实训内容

1. 要求选择合适的集成运放设计放大器并满足以下条件：

（1）输入阻抗不低于 1 MΩ；

（2）放大器的电压放大倍数为 100；

（3）输出信号值最大值为 10 V。

2. 标出选用运放的具体型号，选择正确的直流电源，画出实际电路图。

第6章 功率放大电路

多级放大电路的中间级将电压信号放大以后,送到输出级,输出级通常为功率放大级,因为往往要利用放大后的信号去控制某种执行机构,比如使电动机转动、使收音机的扬声器发声或使继电器动作等。为了控制这些负载,就要求放大电路输出较大的交流功率,也就是既有较大的电压输出,又有较大的电流输出。这种主要用于向负载提供一定交流功率的电路称为功率放大电路,简称功放。本章讨论低频功率放大电路的特点、工作原理、输出功率和效率的分析计算等,并简单介绍集成功率放大器的电路原理及其应用。

6.1 概　　述

从能量转换的观点看,功率放大电路和前面讨论的各种小信号放大电路没有本质的区别,它们都是在输入信号的控制下,按照输入信号的变化规律将直流电能转换成交流电能传送给负载。不管是功率放大电路还是小信号放大电路,在负载上都有一定的输出电压和输出电流或者说输出功率,只是前边所讨论的电压放大电路多用于输入级或中间级,主要用来放大微弱的电压或电流信号,为后级放大电路提供一定幅度的电压或电流,因此,称为电压放大或电流放大。而功率放大强调的是有足够的功率输出,不仅要有一定的电压输出幅度,同时还要有一定的电流输出幅度。由于侧重的输出对象不同,使功率放大电路具有不同于小信号放大电路的特点。

6.1.1 功率放大电路的主要特点

1. 功率放大电路的任务和特点

1) 输出功率尽可能大

为得到大的输出功率,要求功放管的输出电压和输出电流都必须足够大,因此功放管需尽限使用。

2) 效率要高

效率是指输出功率与直流电源提供功率的比值。由于输出功率大,所以损耗的功率也大,因此效率的问题就变得极为重要了。

3) 非线性失真要小

功放在大信号下工作,非常容易出现非线性失真,对于同一个功放管来说,输出功率越大,非线性失真越严重,这就使输出功率和非线性失真成为一对主要矛盾。

4) 功放管的散热问题

在功放电路中,除了输出功率,其余大部分的功率都消耗在管子的集电结上,使管壳和结温升高。为减少损耗,使管子输出足够大的功率,必须考虑功放管的散热问题,一般以加装散热片为主。否则，当管子结温超过允许值时，功放管将损坏。

由于功放管处于大信号工作状态，所以小信号等效电路分析法不再适用，通常采用图解分析。

2. 主要技术指标

由于功率放大电路的特点，因此我们更关心以下指标：

1）最大输出电压幅度 U_{omax} 和最大输出电流幅度 I_{omax}

最大输出幅度表示在输出信号不超过规定非线性失真指标情况下，功率放大电路能输出的最大电压和电流，用 U_{omax} 和 I_{omax} 来表示。

2）输出功率 P_o 和最大不失真输出功率 P_{om}

输出电压有效值与输出电流有效值的乘积定义为输出功率 P_o。当输入信号为正弦波时，有

$$P_o = U_o I_o = \frac{U_{om}}{\sqrt{2}} \frac{I_{om}}{\sqrt{2}} = \frac{1}{2} U_{om} I_{om} \tag{6-1}$$

其中 U_{om} 和 I_{om} 分别为输出电压和电流的峰值。

最大不失真输出功率指在正弦输入信号时，功率放大电路在满足输出电压、电流波形基本不失真的情况下，放大电路最大输出电压和最大输出电流有效值的乘积，记为 P_{om}，即

$$P_{om} = \frac{1}{2} U_{omax} I_{omax} \tag{6-2}$$

3）管耗 P_V

损耗在功率放大管上的功率叫做功放管的损耗，简称管耗，用 P_V 表示。

4）效率 η

在功率放大电路中，其他元器件的发热损耗较小，所以认为直流电源提供的功率主要转换成输出功率和功放管损耗两部分。放大电路的效率定义为放大电路输出给负载的交流功率 P_o 与直流电源提供的功率 P_E 之比，即

$$\eta = \frac{P_o}{P_E} \times 100\% \tag{6-3}$$

6.1.2 功率放大电路的工作状态与效率的关系

提高效率对于功率放大电路来说非常重要，那么，怎样才能最大限度地提高效率呢？

在小信号放大电路中，在保证输出信号不失真的情况下，应将放大电路的工作点选得尽可能的低，以便减小静态工作点电流，降低静态功率损耗。损耗小了，电路的效率自然就提高了。所以，放大电路的效率与静态工作点的位置有着密切的关系。一般，按照功放管的工作状态，也就是静态工作点的位置，可将低频功率放大电路分为甲类、乙类和甲乙类三种工作方式。

在前面讨论的小信号放大电路中，在输入正弦信号的一个周期中，三极管都处于导通状态。也就是在输入正弦信号的一个周期 360°中，三极管都有电流流过，称三极管的导通角 θ 为 360°或 2π。我们把三极管的这种工作状态叫做甲类工作状态，如图 6-1(a)所示。在甲类放大电路中，不管有无输入信号，也不管输入信号的大小，直流电源始终向放大电

路输出固定的直流功率 $P_E = I_C U_{CC}$。当交流输入信号为 0 时，这个直流功率将全部损耗在电路的管耗和电阻发热上；在有交流输入时，电路会将其中的一部分转换成交流输出功率。由于损耗较大，甲类工作状态的效率较低，理想情况下，其最高效率也仅能达到 50%。所以，甲类放大的特点是非线性失真较小、但损耗大、效率低。

既然静态电流是造成管耗的主要原因，那么，将静态工作点下移就可以降低损耗，如图 6-1 中的(b)、(c)所示。

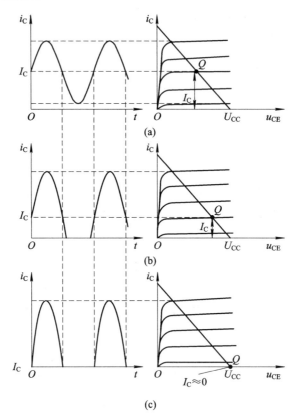

图 6-1　低频功率放大电路的三种工作状态
(a) 甲类工作状态；(b) 甲乙类工作状态；(c) 乙类工作状态

(b)图的静态工作点设置在放大区但接近截止区的位置，三极管在输入正弦信号的大半个周期导通（$180° < \theta < 360°$），三极管的这种工作状态叫做甲乙类工作状态。

(c)图的静态工作点设置在截止区内负载线与横轴的交点上，三极管只在输入正弦信号的半个周期导通（$\theta = 180°$），这种工作状态叫做乙类工作状态[1]。

甲乙类和乙类工作状态的效率较高，理想情况下最高可达 78.5%。但从图 6-1(b)、(c)可以看出，随着静态工作点的下移，集电极电流波形产生了较严重的截止失真，这样的输出波形显然是不允许的。但通过采取适当的电路结构，可以使这两类电路既保持管耗小的优点，又不至于产生较大的失真，这样就解决了提高效率和非线性失真之间的矛盾。

---

[1]　若 $\theta < 180°$，则称为丙类工作状态，丙类放大一般用于高频大功率电路中，本章仅讨论低频功率放大电路。

　　在低频功率放大电路中，大多采用甲乙类和乙类工作状态，以利于效率的提高。出于同样的目的，甲乙类的导通角一般仅选取稍大于 180°即可。

思考题

　　1. 安排小信号放大电路的静态工作点时，要求在不失真的情况下，静态工作点的位置尽量低一些，为什么？
　　2. 为输出较大的交流功率，应使功率管尽限应用，如何理解"尽限"的含义？

6.2　互补对称功率放大电路

　　多级放大电路的输出级要有足够的输出功率以驱动负载，因此，能为负载提供足够大功率的放大电路就是功率放大电路。从这个意义上讲，任何多级放大电路的最后一级均可称为功放，集成运放的输出级也不例外。虽然，集成运放芯片的功耗很小，一般只有几十毫瓦，输出功率也不大，但其输出级的电路结构、工作原理与同类功率放大电路完全相同。所以本节将结合集成运放中常用的互补对称输出级就功放的一般问题加以介绍。

6.2.1　双电源互补对称电路(OCL 电路)

1. 乙类双电源互补对称功率放大电路

　　图 6-2(a)所示为采用正、负双电源供电的互补对称功率放大电路，V_1 和 V_2 分别为 NPN 管和 PNP 管，两只三极管特性、参数对称。该电路相当于是两个互补对称的射极跟随器合成的。它和第 3 章集成运算放大器中介绍的互补对称输出级一样。现在，我们以功率放大电路的观点，对这个电路进行更详细的分析。

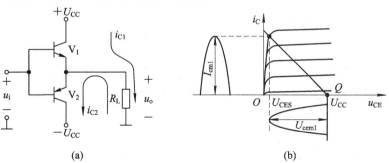

图 6-2　乙类双电源互补对称功率放大电路及输出电压波形
(a) 电路；(b) 输出电压波形

　　静态时，两管因没有基极偏置而处于截止状态，集电极静态电流约为 0，V_1 和 V_2 的静态参数为 $I_{C1}=I_{C2}=0$，$U_{CE1}=-U_{CE2}=U_{CC}$，如图 6-2(b)中的 Q 点所示。因此，两功放管 V_1 和 V_2 处于乙类工作状态，静态损耗近似为 0。理想情况下，该电路的正、负电源和电路结构完全对称，所以静态时输出端的电压为 0，不必采用耦合电容来隔直，因此这个电路又叫做 OCL(Output Capacitorless，无输出电容)电路。

当输入正弦信号 u_i 时，在 u_i 的正半周，V_1 导通、V_2 截止，电流 i_{C1} 由电源 $+U_{CC}$ 通过 V_1 管输出到负载电阻 R_L，在负载上产生正半周的输出电压；在 u_i 的负半周，V_1 截止、V_2 导通，由电源 $-U_{CC}$ 通过 V_2 管输出电流 i_{C2} 流过负载电阻 R_L，在负载上产生负半周的输出电压。最终，负载上得到了一个完整的正弦波周期，从而解决了乙类放大存在的效率与失真间的矛盾。由于 OCL 电路的输出端没有耦合电容，所以电路具有较好的频率特性。

2. 分析计算

V_1 管在输入信号的正半周工作、负半周截止，V_2 的工作情况和 V_1 正好相反，因此，只要分析两管中的一个即可。以 V_1 为例，因为 $u_o = +U_{CC} - u_{ce1}$，且从图 6 - 2(b) 可以看出，u_{ce1} 的变化范围在 $0 \sim +U_{CC}$ 之间，所以在忽略功放管饱和压降的情况下，正半周的最大不失真输出电压 $U_{omax+} \approx +U_{CC}$。同样可知，负半周的最大不失真输出电压 $U_{omax-} \approx -U_{CC}$。

根据以上分析，可以很方便地计算出乙类双电源互补对称功率放大电路的输出功率、效率、直流源供给的功率和管耗。

1）输出功率 P_o 和最大不失真输出功率 P_{om}

设输出电压峰值为 U_{om}，当输入为正弦信号时，根据式（6 - 1）有

$$P_o = \frac{1}{2} \frac{U_{om}^2}{R_L} \tag{6 - 4}$$

若忽略管子的饱和压降，则电路的最大不失真输出功率为

$$P_{om} = \frac{1}{2} \frac{U_{omax}^2}{R_L} = \frac{1}{2} \frac{U_{CC}^2}{R_L} \tag{6 - 5}$$

其中，U_{omax} 为最大不失真输出电压幅值。

2）直流源供给的功率 P_E 和电源提供的最大功率 P_{EM}

由于 $+U_{CC}$ 和 $-U_{CC}$ 每个电源只有半周期供电，因此在一周期内的平均电流为

$$I_{C1} = I_{C2} = \frac{1}{2\pi} \int_0^\pi I_{cm} \sin\omega t \, \mathrm{d}(\omega t) = \frac{I_{cm}}{\pi}$$

所以两个电源提供的总功率为

$$P_E = 2I_{C1}U_{CC} = 2\frac{I_{cm}}{\pi}U_{CC} = \frac{2U_{CC}U_{om}}{\pi R_L} \tag{6 - 6}$$

可见，电源提供的功率随输出信号的增大而增大，这和甲类功放相比有本质的区别。

当获得最大不失真输出时，电源提供的最大功率 P_{EM} 为

$$P_{EM} = \frac{2U_{CC}^2}{\pi R_L} \tag{6 - 7}$$

3）效率 η 和最大效率 η_m

根据式（6 - 4）和式（6 - 6）可得一般情况下的效率为

$$\eta = \frac{P_o}{P_E} = \frac{\pi}{4} \frac{U_{om}}{U_{CC}} \tag{6 - 8}$$

当获得最大不失真输出幅度时，$U_{om} = U_{omax} \approx U_{CC}$，则

$$\eta_m = \frac{P_{om}}{P_E} \times 100\% = \frac{\pi}{4} \times 100\% \approx 78.5\% \tag{6 - 9}$$

这个结论是在理想条件下得来的，比如忽略饱和压降、输入信号足够大等，实际的效率还要低于这个数值。

4）管耗 P_V 与最大管耗 P_{Vm}

$$P_V = P_E - P_o = \frac{2U_{CC}U_{om}}{\pi R_L} - \frac{U_{om}^2}{2R_L} \tag{6-10}$$

单管的管耗为

$$P_{V1} = \frac{1}{2}(P_E - P_o) = \frac{U_{CC}U_{om}}{\pi R_L} - \frac{U_{om}^2}{4R_L} \tag{6-11}$$

从式（6-4）和式（6-11）可以看出，对于乙类双电源互补对称电路来说，输入信号愈大，输出功率愈大，但并不是管耗也愈大。通过对式（6-11）求极值的方法可以得出，当 $U_{om} = \frac{2U_{CC}}{\pi} \approx 0.6U_{CC}$ 时，单管的管耗最大，约为

$$P_{V1m} = \frac{1}{\pi^2} \cdot \frac{U_{CC}^2}{R_L} \approx 0.2P_{om} \tag{6-12}$$

式（6-12）表明，一个管子的最大管耗大约是最大输出功率的 0.2 倍，这是选择功率管的一个重要依据。上面的计算是在理想的情况下进行的，实际上在选取管子的额定功耗时还要留有一定的余地。

例 6-1　功放电路如图 6-2(a)所示，设 $U_{CC} = 12$ V，$R_L = 8$ Ω，功放管的极限参数为 $I_{CM} = 2$ A，$|U_{(BR)CEO}| = 30$ V，$P_{CM} = 5$ W。试分析该功放管能否安全工作？

解　要使电路安全地工作，功放管必须满足下列条件：

（1）每个晶体管的最大允许管耗 $P_{CM} > 0.2P_{om}$；

（2）考虑到当一个晶体管导通时，其 $u_{CE} \approx 0$，此时另外一个晶体管的 u_{CE} 获得最大值，且约为 $2U_{CC}$，所以，应选用 $|U_{(BR)CEO}| > 2U_{CC}$ 的功率管；

（3）通过功放晶体管的最大集电极电流为 $\frac{U_{CC}}{R_L}$，所选功放管的 I_{CM} 要大于此值。所以，根据电路参数可求得单管管耗 P_{V1m} 为

$$P_{V1m} \approx 0.2P_{om} = 0.2 \times \frac{U_{CC}^2}{2R_L} = 1.8 \text{ W} < P_{CM} = 5 \text{ W}$$

流过集电极的最大集电极电流 i_{CM} 为

$$i_{CM} = \frac{U_{CC}}{R_L} = \frac{12 \text{ V}}{8 \text{ Ω}} = 1.5 \text{ A} < I_{CM} = 2 \text{ A}$$

功率管 c-e 间的最大压降 $|u_{CEM}|$ 为

$$|u_{CEM}| = 2U_{CC} = 2 \times 12 \text{ V} = 24 \text{ V} < |U_{(BR)CEO}| = 30 \text{ V}$$

所求的三个值分别小于极限参数，故功放管可以安全工作。

3. 甲乙类双电源互补对称功率放大电路

与集成运算放大器的输出级一样，乙类电路的输出波形在输入信号零点附近范围出现交越失真。为克服交越失真，可以如图 6-3(a)所示，利用 PN 压降、电阻压降或其他元器件压降给两个三极管的发射结加上正向偏置电压，使两个三极管在没有信号输入时已经处于微导通状态。由于此时功放管的静态集电极电流已经大于 0，所以静态工作点上移进入了放大区。为降低损耗，一般将静态工作点设置在刚刚进入放大区的位置，即导通角略大于 180°。因此，功率放大电路的工作状态由乙类变成了甲乙类。

1) 电路组成与工作原理

图 6-3(a)所示电路中的 V_1 和 V_2 构成互补对称功率放大电路，V_3 为输出级的前置级。静态时，电流 I_{C3} 在 V_{D1}、V_{D2} 上产生静态压降，给 V_1、V_2 的发射结提供静态偏置，使 V_1、V_2 产生不为 0 的静态集电极电流，V_1、V_2 处于甲乙类放大状态，V_1 的静态工作点如图 6-3(b) 所示。由于电路结构对称，静态时 $I_{C1} = I_{C2}$，因此 R_L 中无静态电流流过，输出电压仍为 0。

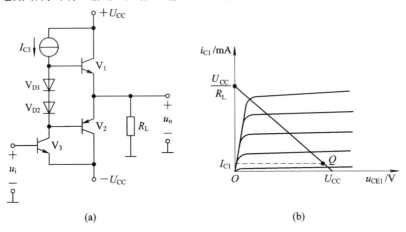

(a)　　　　　　　　　　(b)

图 6-3　甲乙类双电源互补对称功率放大电路

(a) 甲乙类双电源互补对称功率放大电路；(b) 甲乙类电路的静态工作点

有输入信号时，即使输入信号较小，由于 V_1、V_2 已经处于导通状态，依然可以被功放管输出给负载，由此消除了交越失真。

图 6-4 所示为可调偏置电压的互补对称电路，偏置电压 U_{AB} 的大小为

$$U_{AB} \approx \frac{R_1 + R_2}{R_2} U_{BE4} \tag{6-13}$$

只要改变 R_1、R_2 的比值，就可以改变 V_1、V_2 的偏置电压值，在集成电路中经常可以见到这种电路结构。

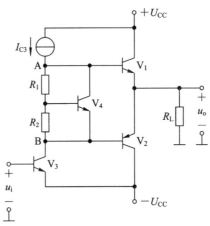

图 6-4　偏置可调的甲乙类双电源互补对称功率放大电路

2) 主要技术指标的计算

由图 6-3(b)曲线可以看出，为提高功率放大电路的效率，在保证消除交越失真的同时，甲乙类电路的静态工作点位置仅比截止区稍高一点，集电极电流依然较小，功率损耗

只是略有增加，效率仍接近于原来的乙类互补对称电路。因此，乙类功放的计算公式完全可以适用于甲乙类电路。

6.2.2 单电源互补对称电路（OTL 电路）

OCL 电路的低频响应好、便于集成化，但需要两个独立的电源，有时使用不太方便。下面介绍可以使用单电源的互补对称功率放大电路，也叫做 OTL（Output Transformerless，无输出变压器）电路[①]。OTL 电路也有乙类和甲乙类的区别，为消除交越失真，实际电路中均采用甲乙类功率放大电路形式。

图 6-5 所示为甲乙类单电源互补对称功率放大电路，V_3 为前置放大级。和甲乙类 OCL 电路相比，只用了一个正电源 U_{CC}，但在输出端增加了一个大容量的耦合电容 C。只要适当选择 R_b 和 R_c 的数值，就可以得到一定的 I_{C3}，通过两个二极管给功率输出管加上合适的偏置电压，使 V_1、V_2 工作在甲乙类状态。静态时，由于输出功率管对称，两管的发射极 E 点电位为 $U_E = \frac{1}{2}U_{CC}$，电容 C 被充电至 $\frac{1}{2}U_{CC}$。由于电容 C 的隔直作用，R_L 上无电流流过，输出电压为 0。

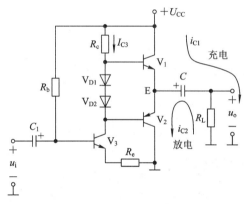

图 6-5 甲乙类单电源互补对称功率放大电路

当输入正弦信号负半周时，V_3 集电极电位为正，所以 V_1 导通、V_2 截止，此时电源 U_{CC} 经 V_1 向负载供电，同时对电容 C 充电；输入信号正半周时，V_1 截止、V_2 导通，这时已充电的电容 C 替代了 OCL 电路中 $-U_{CC}$ 的作用，经负载、V_2 管放电。由此可见，在输入信号 u_i 的一个周期内，充电电流 i_{C1} 和放电电流 i_{C2} 交替流过负载，且方向互为相反，这样在 R_L 上获得了完整的正弦电压波形。

耦合电容 C 一般选择耐压大于 U_{CC}、容量为几百至几千微法的电解电容。因为电容容量较大，充放电缓慢，所以在输入信号变化过程中，电容两端电压基本维持在 $\frac{1}{2}U_{CC}$ 不变。

从以上分析可知，单电源互补对称功放电路和相应的双电源电路相比，原理相似，只是由于静态时 E 点的电位为 $\frac{1}{2}U_{CC}$，因此 E 点信号是以 $\frac{1}{2}U_{CC}$ 为中心、动态范围为 0 到 U_{CC}

---

① 为了提高功率放大电路的效率，又能在输出端得到一个完整的正弦信号，还有一种在输出端用变压器耦合信号给负载的功率放大电路，但这种电路存在着许多缺点，由此产生了互补对称功率放大电路，所以称单电源互补对称功率放大电路为 OTL（Output Transformerless，无输出变压器）电路。

的正弦信号。经耦合电容隔直后输出峰值为 $\frac{1}{2}U_{CC}$ 的正弦交流信号，就与用大小为 $\frac{1}{2}U_{CC}$ 的正、负双电源供电时的效果是一样的，每管的工作电压也不是 U_{CC}，而是 $\frac{1}{2}U_{CC}$。在分析计算 OTL 电路时，只需将 U_{CC} 用 $\frac{1}{2}U_{CC}$ 替代，即可直接应用由 OCL 电路得出的公式。

此外，在功率放大电路的实际应用中，还采取了一些措施来进一步提高功率放大电路的性能：比如采用复合功率管构成的准互补对称功率放大电路，如图 6-6 所示。图中的输出管 V_3 和 V_4 为同型的大功率 NPN 管，容易配对，性能又比 PNP 管要好，可以输出较大的电流。V_1 和 V_2 采用异型的小功率管，也容易配对。这样，既能获得良好的对称性，又能获得大电流输出。

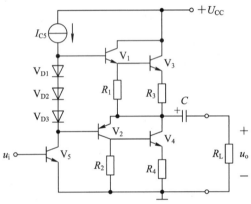

图 6-6　准互补对称功率放大电路

6.2.3　实际功率放大电路举例

图 6-7 为一个甲乙类准互补对称 OCL 功率放大电路。由输入级、前置级、准互补对称输出级和其他辅助电路构成。

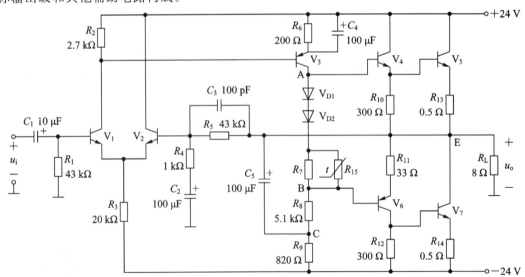

图 6-7　甲乙类准互补对称 OCL 电路

V_1、V_2 组成单入单出的差动输入级,从 V_1 的基极输入信号,集电极取出信号,送至前置级 V_3 的基极。

前置级由 PNP 管 V_3 构成共发射极放大电路,负责为功率输出级提供激励信号。二极管 V_{D1}、V_{D2} 和电阻 R_7、热敏电阻 R_{15} 为输出功率管提供偏置,使输出管处于甲乙类工作状态。R_{15} 选择具有负温度系数的热敏电阻,二极管 V_{D1}、V_{D2} 的正向导通压降也具有负温度系数。所以,当温度升高导致功率管的静态工作点上移、集电极电流增大时,U_{AB} 下降,功率管的发射结电压下降,从而起到稳定静态工作点的作用。

本电路的输出级由 V_4、V_5 两个同型管复合成 NPN 型输出管,V_6、V_7 两个异型管复合成 PNP 管,组成准互补对称功率电路。

为保证电路的性能,此电路中还有一些辅助电路,下面简单介绍其工作原理。

R_4、R_5 和 C_2 组成功率放大电路的交、直流负反馈支路,一端接于功率放大电路的输出端,另一端接于差动输入级 V_2 管的基极。直流负反馈保证整个电路静态工作点的稳定,并使输出 E 点的直流零电位稳定。交流负反馈类型为电压串联负反馈,用来减小非线性失真和改善电路性能。

相位补偿电容 C_3 的作用是为了防止自激振荡。

C_5 和 R_9 构成自举电路,以使输出电压峰值能达到接近电源电压的理想状态。当 V_6、V_7 组成的复合 PNP 管导通输出负半周信号时,随着输出电压的负向增大,复合 PNP 管的各电极电流增加,使之向饱和区趋近,由于 R_8 上的压降($i_{R8} = i_{C3} + i_{B6}$)也会逐渐增大,将限制 V_6 的基极电流,所以,输出电压的负向峰值并不能达到理想的 $-U_{CC}$。加入自举电路 C_5 和 R_9 后,静态时电容两端的电压被充至 $-U_{CC} + I_{C3}R_9$ 的静态值,由于 C_5 较大,电容两端的电压几乎不随输入信号变化。当交流输出信号负向增大时,C 点电位 $u_C = -U_{CC} + I_{C3}R_9 + u_E$,由于 u_E 为负值,所以随着输出信号的负向增大,u_C 的电位会随之自动降低,因此,即使输出电压负向很大,u_C 会更负,仍然保证有足够的电流 i_{B6} 使复合 PNP 管充分导电,以继续接近饱和区。所谓"自举",就是电路自己将 C 点的电位负向增大的意思。

思考题

有人说"收音机的音量开得小些,就会省电",这句话对吗? 为什么?

6.3　集成功率放大器

6.3.1　集成功率放大器概述

集成功率放大电路大多工作在音频范围,除具有可靠性高、使用方便、性能好、重量轻、造价低等集成电路的一般特点外,还具有功耗小、非线性失真小和温度稳定性好等优点。并且集成功率放大器内部的各种过流、过压、过热保护齐全,其中很多新型功率放大器具有通用模块化的特点,被称之为"傻瓜"型的集成功放,使用更加方便安全。集成功率放大器是模拟集成电路的一个重要组成部分,广泛应用于各种电子电气设备中。

从电路结构看,集成功放是由集成运放发展而来的,和集成运算放大器相似,包括前置级、驱动级和功率输出级，以及偏置、稳压、过流过压保护等附属电路。除此以外，基于功率放大器输出功率大的特点，在内部电路的设计上还要满足一些特殊的要求。

集成功率放大器品种繁多，输出功率从几十毫瓦至几百瓦的都有，有些集成功放既可以双电源供电，又可以单电源供电，还可以接成 BTL(Bridge-Tied Load，桥接式负载)电路的形式。从用途上分，有通用型和专用型功放；从输出功率分，有小功率功放和大功率功放等。

下面简单介绍几种常用的集成功率放大器的工作原理和简单应用。

6.3.2　集成功放应用简介

1. SHM1150Ⅱ型集成功率放大器

SHM1150Ⅱ型集成功率放大器是由双极型三极管和单极型 VMOS 管组成的功率放大器，图 6-8(a)为 SHM1150Ⅱ的内部简化原理图。其中输出级采用的是功率 VMOSFET 管，可以提供较大的功率输出。和双极型功率管相比，功率 VMOS 管具有很多优点，比如耐压可高达 1000 V 以上，最大连续电流可达 200 A。并且由于 VMOS 管的输入电阻极高，需要的驱动电流非常小，因此可以达到很高的功率放大倍数。

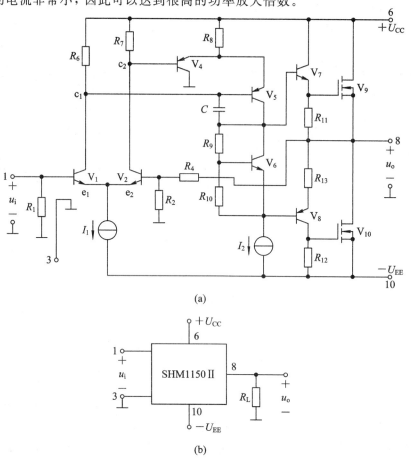

图 6-8　SHM1150Ⅱ型集成功率放大器
(a) 内部简化电路；(b) 外部接线图

从图 6 - 8(a)可以看出，输入级由 V_1、V_2 组成带恒流源的差动输入级，为单入双出形式，第二级由 PNP 管 V_4、V_5 组成双入单出的差动电路。由于 V_4、V_5 的输入信号分别来自 V_1、V_2 的集电极信号 u_{c1} 和 u_{c2}，而 u_{c1} 和 u_{c2} 是大小相等、方向相反的一对差模信号，所以 V_4、V_5 完成了将输入级的双端输出信号转换成单端输出信号的功能，并由 V_5 集电极输出，提供给输出级。

V_6 及 R_9、R_{10} 构成了可调偏置电压电路，用来使功率输出管工作于甲乙类状态，消除交越失真。输出级为准互补对称功率输出级，V_7 和 V_9 组成复合 NPN 管，V_8 和 V_{10} 组成复合 PNP 管。由于输出管是功率 VMOS 管，所以使本电路的输出功率大大增强。

负反馈支路由 R_4 和 R_2 组成，构成级间的电压串联负反馈，起到稳定整个电路的静态工作点和放大倍数的作用。

电容 C 为相位补偿电容，以消除自激。

恒流源 I_1 为输入级提供稳定的静态工作点，并增强了电路抑制漂移的能力，I_2 是 V_4、V_5 的有源负载。

SHM1150 Ⅱ 接上电源即可作为双电源互补对称电路直接使用，如图 6 - 8(b)所示。该电路可在 ±12～±50 V 电源电压下工作，最大输出功率达 150 W，使用十分方便。

2. 小功率通用型集成功率放大器 LM386

LM386 电路简单、通用型强，是目前应用较广的一种小功率集成功放。具有电源电压范围宽(4～16 V)、功耗低(常温下为 660 mW)、频带宽(300 kHz)的优点，输出功率为 0.3～0.7 W，最大可达 2 W。另外，电路的外接元件少，不必外加散热片，使用方便。

图 6 - 9(a)是 LM386 的内部电路图，图(b)是其外引线排列图，封装形式为双列直插。

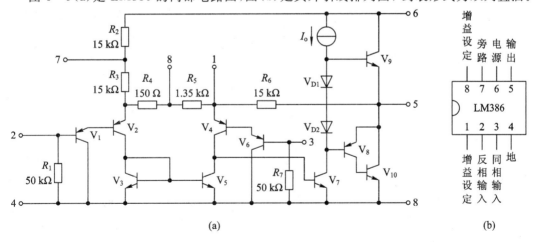

图 6 - 9　集成功率放大器 LM386

(a) LM386 内部原理电路；(b) 外引线排列

LM386 的输入级由 V_2、V_4 组成双入单出差动放大器，V_3、V_5 构成有源负载，V_1、V_6 为射极跟随形式，可以提高输入阻抗，差放的输出取自 V_4 的集电极。V_7 为共射极放大形式，是 LM386 的主增益级，恒流源 I_0 作为其有源负载。V_8、V_{10} 复合成 PNP 管，与 V_9 组成准互补对称输出级。V_{D1} 和 V_{D2} 为输出管提供偏置电压，使输出级工作于甲乙类状态。

R_6 是级间负反馈电阻，起稳定静态工作点和放大倍数的作用。

R_2 和 7 端外接的电解电容可组成直流电源去耦滤波电路。

R_5 是差放级的射极反馈电阻，所以在 1、8 两端之间外接一个阻容串联电路，构成差放管射极的交流反馈，通过调节外接电阻的阻值就可调节该电路的放大倍数。对于模拟集成电路来说，其增益调节大都是外接调整元件来实现的。其中 1、8 脚开路时，负反馈量最大，电压放大倍数最小，约为 20；1、8 脚之间短路时或只外接一个 10 μF 电容时，电压放大倍数最大，为 200。

图 6-10 是 LM386 的典型应用电路。接于 1、8 两端的 C_2、R_1 用于调节电路的电压放大倍数。因为该电路形式为 OTL 电路，所以需要在 LM386 的输出端接一个 220 μF 的耦合电容 C_4。C_5、R_2 组成容性负载，以抵消扬声器音圈电感的部分感性，防止信号突变时，音圈的反电势击穿输出管，在小功率输出时 C_5、R_2 也可不接。C_3 与电路内部的 R_2 组成电源的去耦滤波电路。当电路的输出功率不大、电源的稳定性能又好的话，只需一个输出端的耦合电容和放大倍数调节电路就可以使用，所以 LM386 广泛应用于收音机、对讲机、双电源转换、方波和正弦波发生器等电子电路中。

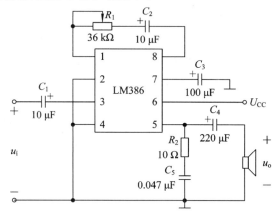

图 6-10　LM386 典型应用电路

小　结

1. 功率放大电路必须给负载提供一定幅度的输出电压和电流，因此功率放大电路工作在大信号状态，不再适用小信号等效电路分析法，而要采用图解分析方法。对于功放电路来说，研究的重点是如何在尽量不失真的情况下，提高功率放大电路的效率。

2. 按照功放管的工作状态，可以将低频功率放大电路分为甲类、乙类和甲乙类三种。其中，甲类功放的失真小，但效率最低。互补对称的乙类功放效率最高，理想情况可以达到 78.5%，但存在交越失真。所以采用互补对称的甲乙类功率放大电路，既消除了交越失真，也可以获得接近乙类功放的效率。

3. 根据互补对称功率放大电路的电路形式，有双电源互补对称电路（OCL 电路）和单电源互补对称电路（OTL 电路）两种。对于单电源互补对称电路，计算电路参数时，只需将 OCL 电路公式中的 U_{CC} 用 $\dfrac{U_{CC}}{2}$ 替代即可。

4. 为保证功率管的安全工作，功率管上的电流、电压和管耗必须小于极限参数。

5. 集成功率放大器种类繁多，大多工作在音频范围，使用方便安全。输出功率从几十毫瓦至几百瓦，有些集成功率放大器既可以双电源供电，又可以单电源供电，还可以接成 BTL 电路的形式。集成功率放大器是模拟集成电路的一个重要组成部分，广泛应用于各种电子电气设备中。

习　题

6.1　图 6-11 是几种功率放大电路中的三极管集电极电流波形，判断各属于甲类、乙类、甲乙类中的哪类功率放大电路？其中哪一类放大电路的效率最高？为什么？

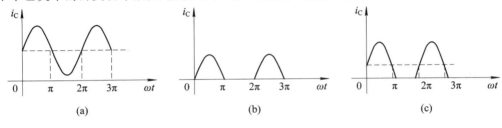

图 6-11　题 6.1 图

6.2　对于采用甲乙类功率放大输出级的收音机电路，有人说将音量调得越小越省电，这句话对吗？为什么？

6.3　在图 6-12 所示的放大电路中，设三极管的 $\beta=80$，$U_{BE}=0.7$ V，$U_{CES}=0.3$ V，电容 C_1、C_2 的容量足够大，对交流可视为短路。当输入正弦交流信号时，可以使电路输出最大不失真输出幅度时的基极偏置电阻 R_b 是多少？此时的最大不失真输出功率是多少？效率是多少？

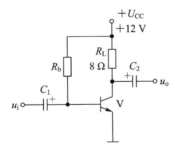

图 6-12　题 6.3 图

6.4　图 6-2(a)所示的乙类双电源互补对称功率放大电路中，已知 $U_{CC}=20$ V，$R_L=8$ Ω，u_i 为正弦输入信号，三极管的饱和压降可忽略。试计算：

(1) 负载上得到的最大不失真输出功率和此时每个功率管上的功率损耗；

(2) 每个功率管的最大功率损耗是多少？

(3) 当功率管的饱和压降为 1 V 时，重新计算上述指标。

6.5　图 6-2(a)所示的乙类 OCL 电路中，已知 $U_{CC}=20$ V，$R_L=16$ Ω，三极管的饱和压降可忽略，若输入电压信号 $u_i=10\sqrt{2}\sin\omega t$ V，求电路的输出功率、每个功率管的管耗、电源电压提供的功率和电路的效率。

6.6　若图 6-2(a)所示的乙类 OCL 电路中的 $R_L=8$ Ω，输入为正弦信号，三极管的饱

和压降可忽略,试计算:

(1) 要求最大不失真输出功率为 9 W 时的正、负电源电压 U_{CC} 的最小值;

(2) 输出最大功率 9 W 时电源电压提供的功率和每个管子的功率损耗;

(3) 输出最大功率时的输入电压峰值。

6.7 乙类和甲乙类功率放大电路功率管的选择原则是什么? 图 6-13 所示的甲乙类功率放大电路中,电源电压为 20 V, $R_L = 16$ Ω,试计算电路的最大输出功率并选择功率管的极限参数值。

6.8 OTL 电路如图 6-14 所示,电源电压为 16 V,功率管的饱和压降可忽略,$R_L = 8$ Ω,试计算电路的最大不失真输出功率;若要求最大不失真输出功率为 9 W 时,电源电压 U_{CC} 至少为多少伏?

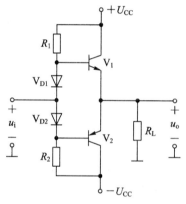

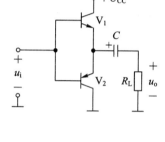

图 6-13 题 6.7 图   图 6-14 题 6.8 图

6.9 图 6-15 所示的 OTL 电路中,输入电压为正弦波,$U_{CC} = 16$ V,$R_L = 8$ Ω,试回答以下问题:

(1) E 点的静态电位应是多少? 通过调整哪个电阻可以满足这一要求?

(2) 若输出电压波形出现交越失真,应调整哪个电阻? 如何调整?

(3) 若 V_{D1}、V_{D2}、R_2 中的任意元件开路,将会产生什么后果?

(4) 忽略三极管的饱和管压降,当输入 $u_i = 5\sqrt{2}\sin\omega t$ V 时,电路的输出功率和效率是多少?

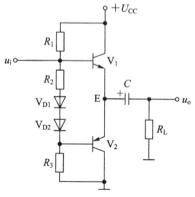

图 6-15 题 6.9 图

6.10　图 6 - 16 为集成功率放大器 LM386 的输出级，E 点电位为 $\frac{1}{2}U_{CC}$，V_2、V_4 的饱和压降约为 0.3 V。

（1）V_2、V_3 和 V_4 构成什么电路形式？

（2）求该电路的最大不失真输出功率。

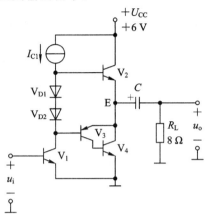

图 6 - 16　题 6.10 图

6.11　OCL 电路如图 6 - 17 所示，试回答下列问题：

（1）为组成准互补对称输出级，判断 V_1、V_2、V_3、和 V_4 中哪个是 NPN 管、哪个是 PNP 管，在图中标出三极管发射极的箭头方向；

（2）V_5 和 R_2、R_3 的作用是什么？

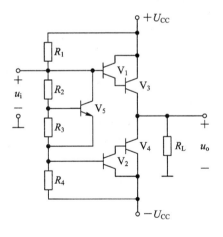

图 6 - 17　题 6.11 图

6.12　单电源供电的音频功率放大电路如图 6 - 18 所示，试回答下列问题：

（1）图中电路是什么形式的功率放大电路？

（2）$V_1 \sim V_6$ 组成什么电路结构？

（3）V_{D1}、V_{D2} 和 V_{D3} 的作用是什么？

（4）$V_7 \sim V_{11}$ 构成什么电路形式？

（5）C_1、C_2 的作用是什么？

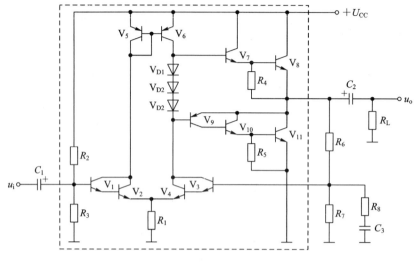

图 6-18 题 6.12 图

技 能 实 训

实训一　集成音频功率放大器的调整与测试

一、技能要求

1. 了解集成音频功率放大器的使用方法；
2. 熟悉集成音频功率放大器的调整和测试方法。

二、实训内容

1. 选用集成功率放大器 LM386 按图 6-19 搭接电路，负载用 0.5 W 的 8 Ω 电阻。注意接线要短，否则易产生自激振荡；

2. 用万用表测试 LM386 各管脚对地的静态电压值；

3. 加入频率为 1 kHz、有效值为 10 mV 的正弦波信号，用示波器观察功放电路的输出波形，并根据示波器显示的数据估算电压放大倍数。

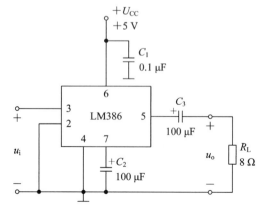

图 6-19　集成功率放大器 LM386 的简单应用电路

实训二　增益可调的集成音频功率放大器的调整与测试

一、技能要求

1. 了解集成音频功率放大器的使用方法；

2. 熟悉集成音频功率放大器的调整和测试方法。

3. 掌握最大不失真输出功率及放大器效率的测试方法。

二、实训内容

1. 按图 6 - 10 搭接电路，电源电压为 5 V，负载用 0.5 W 的 8 Ω 电阻；

2. 用万用表测试 LM386 各管脚对地的静态电压值；

3. 加入频率为 1 kHz、有效值为 10 mV 的正弦波信号，用示波器观察功放电路的输出波形，并根据示波器显示的数据估算电压放大倍数。

4. 调节 R_1，使输出波形最大且刚好不失真。测出输出电压值，计算最大不失真输出功率。

5. 将电流表串入电源支路中，测量电源供给的电流 $I_{U_{CC}}$，计算电源提供的功率。

注：电源提供的功率为 $P_E = U_{CC} \times I_{U_{CC}}$。

6. 由最大不失真输出功率和电源提供的功率，可以计算出电路的效率 η。

第 7 章　信号产生电路

前面各章主要介绍了对电信号进行放大、运算和处理的电子电路。在电子技术中，还有一类重要的电路，就是信号产生电路。信号产生电路不用交流输入信号，只要外加直流电源，就可以产生出一定频率和幅度的周期信号输出，因此，也叫做振荡电路。信号产生电路的实质是一种将直流电源能量转换成一定的交流能量输出的电路。

按照输出信号的不同，信号产生电路可以分成正弦信号产生电路和非正弦信号产生电路两类。因为从频域看，正弦波为单一频率，不可分解；而方波或锯齿波等非正弦周期信号的频谱含有丰富的频率分量，除直流分量外，还包含基波及相应的各高次谐波。所以正弦和非正弦信号产生电路的原理完全不同。

信号产生电路除可用于电子测量和科学研究中的各种信号源外，还广泛应用于无线电技术、工业生产和日常生活中。在通信、广播、电视系统中，经常用正弦波振荡器作为高频载波信号的产生电路，把有用的音频或视频信号，搭载其上进行传送。在工业生产中，还可用于高频加热、高频感应炉、超声焊接以及测量和控制等方面。非正弦信号产生电路还广泛应用于测量技术、数字系统、自动控制等方面。

本章将分别介绍正弦信号产生电路和非正弦信号产生电路的基本原理。

7.1　正弦波振荡电路的基本概念

正弦波振荡电路就是不需要输入信号，可以独立地输出一定频率和幅度正弦周期信号的电子电路，常见的正弦波振荡电路是利用正反馈来实现振荡信号输出的。

由于正弦信号产生电路涉及的信号是正弦波，所以电路中的信号采用相量表示。

7.1.1　正弦波振荡电路与正反馈

1. 正弦波振荡电路与正反馈

前述已知，当 $|1+\dot{A}\dot{F}|\to 0$ 时，$\dot{A}_f=\dfrac{\dot{A}}{1+\dot{A}F}\to\infty$，这是正反馈的特例——自激振荡，表示放大电路在没有输入的情况下，就会产生一定的输出。自激在放大电路中要绝对避免，但恰好可以用来构造信号产生电路。因此，对于没有输入的正弦信号产生电路来说，电路中必须有正反馈，才能产生振荡输出。

未经处理的自激输出是不可控的，并且含有各种频率分量。而正弦信号产生电路的输出是没有其他频率分量的单一频率的正弦波，因此，将需要的单一频率挑选出来的过程就是正弦波振荡电路中必不可少的选频环节。选频网络一般由 R、C 或 L、C 元件组成，分别称为 RC 正弦波振荡电路和 LC 正弦波振荡电路，前者一般用来产生 $1\sim1\,\text{MHz}$ 的低频信号，后者一般用来产生 1 MHz 以上的高频信号。还有由石英晶体构成的振荡电路，可以产生频率既稳定又准确的正弦振荡信号。

2. 正弦波振荡电路的组成

由以上分析可知，若要使一个没有外来输入的放大电路能产生一定频率和幅度的正弦输出信号，电路中必须包含放大电路、正反馈网络和选频网络。为了使输出的正弦信号幅度保持稳定，还要加入稳幅环节。

其中，放大电路和正反馈网络保证了放大电路可以产生自激振荡；选频网络保证了振荡电路的输出为单一频率，也就是保证输出波形为正弦波；稳幅环节保证振荡电路的输出是等幅、稳定的。

7.1.2 起振条件与平衡条件

维持幅度稳定的正弦信号输出，称为平衡；使输出信号从无到有的建立，称为起振。

1. 平衡条件

正弦波振荡电路的正反馈框图如图 7 - 1 所示，由于输入信号 $\dot{X}_i$ 为 0，所以没有画出。

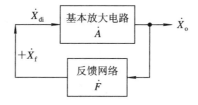

图 7 - 1 正弦波振荡电路中的正反馈

从图 7 - 1 可以看出，若要在 $\dot{X}_i$ 为 0 的情况下维持输出端已有的等幅正弦振荡，那么 $\dot{X}_f$ 必须取代 $\dot{X}_i$ 成为基本放大电路 $\dot{A}$ 的输入，也就是 $\dot{X}_{di} = \dot{X}_f$，即

$$\frac{\dot{X}_f}{\dot{X}_{di}} = \frac{\dot{X}_o}{\dot{X}_{di}} \cdot \frac{\dot{X}_f}{\dot{X}_o} = \dot{A}\dot{F} = 1 \tag{7-1}$$

上式即为正弦波振荡电路的平衡条件，$\dot{A}\dot{F}$ 称为电路的环路增益，式(7-1)也可以写成

$$\dot{A}\dot{F} = |\dot{A}\dot{F}| \angle (\varphi_a + \varphi_f) = 1$$

即

$$\begin{cases} |\dot{A}\dot{F}| = 1 \\ \varphi_a + \varphi_f = \pm 2n\pi, \, n = 0, 1, 2, \cdots \end{cases} \tag{7-2}$$

式(7-2)分别称正弦波振荡电路的幅度平衡条件和相位平衡条件，这是正弦波振荡电路维持等幅振荡的基本条件。其中，满足相位条件就是满足正反馈。

2. 起振条件

当正弦波振荡电路已有输出时，可以利用平衡条件维持输出信号的持续。但在振荡电路电源刚刚接通时，输出端尚没有输出信号时，依靠平衡条件是不能使输出从无到有、从小到大的建立的，因为平衡条件只能维持环路中已有的信号大小不变，不能使之增大。

可见，正弦波振荡电路维持等幅振荡的前提是怎样建立振荡，也就是起振。然后才是维持，也就是平衡。所以，从平衡条件容易地推想出，正弦波振荡电路的起振条件应为

$$\begin{cases} |\dot{A}\dot{F}| > 1 \\ \varphi_a + \varphi_f = \pm 2n\pi, \; n = 0, 1, 2, \cdots \end{cases} \tag{7-3}$$

接通电源后，电路内部噪声和直流电位的扰动虽微弱但必然存在，而且包含丰富的频率分量及其谐波，相当于给基本放大电路加入了交流输入。如果电路中的选频网络可以仅使其中某一频率 f_0 既满足正反馈的相位条件又满足 $|\dot{A}\dot{F}| > 1$ 的幅度条件，沿闭环环行的 f_0 频率的扰动信号将被不断放大（其他频率信号要么不满足幅度条件、要么不满足相位条件，均被衰减），最终建立起一定幅度的振荡输出。因为输出的信号中只有单一频率 f_0，所以输出波形一定表现为正弦信号。当然，必须利用稳幅环节在适当的幅度时，令 $|\dot{A}\dot{F}|$ 由大于 1 减小到等于 1，维持合适的等幅振荡输出，不至于使输出因过分增大而失真。

通常，通过调节开环放大倍数 $\dot{A}$ 和反馈系数 $\dot{F}$ 的数值，振荡电路的幅度条件是比较容易满足的。而相位条件可以利用瞬时极性法，通过判断电路是否为正反馈来判别。

思考题

1. 正弦信号和非正弦信号本质的区别是什么？
2. 正弦波振荡电路中是不是一定没有负反馈？
3. 正弦波振荡电路的四个基本组成部分是什么？各有什么作用？
4. 为什么说满足相位平衡条件就是正反馈？

7.2 RC 正弦波振荡电路

根据 RC 选频网络的结构，RC 正弦波振荡电路分成 RC 桥式、RC 移相式和双 T 网络式正弦波振荡电路等，其中后两种形式电路的振荡频率不易调节，且只能产生固定的单一频率。本节介绍 RC 桥式和 RC 移相式正弦波振荡电路。

7.2.1 RC 桥式正弦波振荡电路

RC 桥式正弦波振荡电路一般用来产生 1 赫兹到数百千赫兹的低频信号，常用的低频信号源大多采用这种电路形式。

图 7-2 为 RC 桥式正弦波振荡电路的组成框图，由放大器 $\dot{A}$ 和同时具有正反馈作用的 RC 串并联选频网络 $\dot{F}$ 构成。

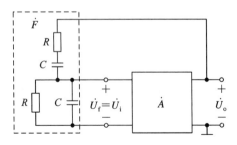

图 7-2　RC 桥式正弦波振荡电路组成框图

1. **RC 串并联网络的选频特性**

将 RC 串并联网络重画于图 7-3 中，该选频网络的输入信号为放大电路的输出 $\dot{U}_\text{o}$，输出为反馈信号 $\dot{U}_\text{f}$。若将 RC 串联支路和并联支路的阻抗分别用 $Z_1 = R + \dfrac{1}{\text{j}\omega C}$、$Z_2 = R /\!/ \dfrac{1}{\text{j}\omega C}$ 表示，可以得到反馈系数 $\dot{F}$ 的表达式为

$$\dot{F} = \frac{\dot{U}_\text{f}}{\dot{U}_\text{o}} = \frac{Z_2}{Z_1 + Z_2} = \frac{1}{(1 - \omega^2 R^2 C^2) + 3\text{j}\omega RC}$$

令 $\omega_0 = \dfrac{1}{RC}$，则上式可写成

$$\dot{F} = \frac{1}{3 + \text{j}\left(\dfrac{\omega}{\omega_0} - \dfrac{\omega_0}{\omega}\right)} \tag{7-4}$$

从式(7-4)可知，反馈系数 $\dot{F}$ 是角频率 ω 的复函数，由此可得 RC 串并联网络的幅频响应和相频响应分别为

$$|\dot{F}| = \frac{1}{\sqrt{3^2 + \left(\dfrac{\omega}{\omega_0} - \dfrac{\omega_0}{\omega}\right)^2}} \tag{7-5}$$

$$\varphi_\text{f} = -\arctan \frac{\omega/\omega_0 - \omega_0/\omega}{3} \tag{7-6}$$

根据式(7-5)和式(7-6)可以做出 RC 串并联选频网络的幅频特性曲线和相频特性曲线，分别如图 7-4(a)、(b)所示。

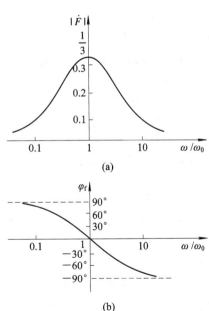

(a)

(b)

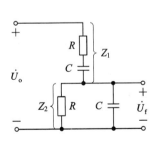

图 7-3　RC 串并联选频网络

图 7-4　RC 串并联网络的频率特性曲线

(a) 幅频特性曲线；(b) 相频特性曲线

从图 7-4 中可以看出，当 $\dfrac{\omega}{\omega_0}-\dfrac{\omega_0}{\omega}=0$，即 $\omega=\omega_0=\dfrac{1}{RC}$ 时，$|\dot{F}|$ 最大且为 $\dfrac{1}{3}$，同时相移 $\varphi_f=0°$。ω 越远离 ω_0，反馈系数 $|\dot{F}|$ 越迅速下降，相移也越偏离 $0°$，直至 $\pm90°$。所以，输入信号频率不同，RC 串并联网络就反映出不同的反馈系数和相移。也就是说，能对不同频率输入信号产生各不相同频率响应的网络就可以用作选频。

2. RC 桥式正弦波振荡电路

1）电路组成

图 7-5 为集成运放构成的 RC 桥式正弦波振荡电路，其中的放大电路是由集成运放构成的同相比例电路，RC 串并联网络的输出端接在集成运放的同相输入端，将反馈信号送给放大电路。R_f 和 R_1 是同相比例电路本身的电压串联负反馈，用来使集成运放工作在线性状态并稳定输出电压和减小非线性失真。

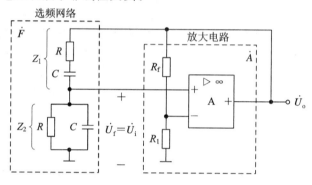

图 7-5　RC 桥式正弦波振荡电路

图 7-5 中 RC 串并联网络的 Z_1、Z_2 和放大器中的电阻 R_1、R_f 正好构成一个四臂电桥。电桥的两个对角点分别接在放大电路的同相输入端和反相输入端，另两个对角点接在放大电路的输出端和接地端，所以这种电路形式称为 RC 桥式正弦波振荡电路。

2）振荡的建立与稳定

当电路接通电源后，电路中存在的噪声和干扰信号含有丰富的频率分量，包括从低频到高频的各种频率成分。这些扰动信号沿放大电路和反馈网络的环路环行，不同的频率分量获得了不同的环路增益和相移。由于集成运放构成同相放大，$\varphi_a=0°$，所以对于相移为 $\varphi_f\in(-90°,+90°)$ 的 RC 串并联网络来说，只有 $\omega=\omega_0$ 的扰动频率获得了 $\varphi_a+\varphi_f=\pm2n\pi$ 的相移，符合相位条件。由于频率 $\omega=\omega_0$ 时的反馈系数为 $\dfrac{1}{3}$，因此，只要同相比例电路的放大倍数大于 3，就可以满足环路增益 $|\dot{A}\dot{F}|>1$ 的起振条件，这是很容易做到的。综上所述，其他的扰动频率不满足相位条件，相应的反馈系数也较低，因此很快被衰减为 0，只有频率为 ω_0 的扰动信号满足起振条件，经环路的不断放大，在很短的时间内就在输出端建立了频率为 ω_0 的正弦输出信号。

输出正弦信号的频率由 ω_0 决定，所以 RC 正弦波振荡电路的振荡频率为

$$f_0=\dfrac{1}{2\pi RC} \tag{7-7}$$

为满足 $|\dot{A}\dot{F}|>1$ 的起振条件，一般取 $|\dot{A}|$ 稍大于 3 即可。因为过大的环路增益虽然利于起振，但容易使振荡电路中的放大器件因振幅的迅速增长而进入非线性区域，产生严重

的非线性失真。对于同相比例放大器，则有 $1+\dfrac{R_f}{R_1}>3$，即选择 R_f 稍大于 $2R_1$ 即可。

所以，振荡电路的分析，就是对振荡电路是否满足起振条件进行判断。幅度条件由电路中的元器件参数来决定，一般来说很容易满足，相位条件就是判断电路是否满足 $\varphi_a+\varphi_f=\pm 2n\pi$ 的相位平衡条件。在实际操作中，不必像上述复杂的讨论，只需用瞬时极性法判断电路是否为正反馈即可。当然，必须在了解选频网络选频特性的前提下。

例 7-1　根据相位条件判断图 7-6 所示电路能否起振(假设电路可以满足起振的幅度条件)。如能起振，计算该电路的振荡频率。

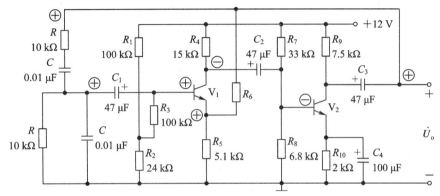

图 7-6　例 7-1 的电路图

解　由于图 7-6 中的电路为信号产生电路，没有输入信号，因此不像放大电路那样可以从输入端开始标注瞬时极性。但不管何种振荡电路都将构成一个闭合的环路，所以，理论上可以从电路的任意一点开始。一般，还是习惯从放大器件的输入端开始标注，比如三极管的基极或集成运放的输入端。

将例 7-1 的瞬时极性标于图 7-6 中。可以看出，由于 RC 串并联网络的移相范围为 $\omega_f\in(-90°,+90°)$，因此，对于频率为 ω_0 的信号可以满足正反馈的起振条件。所以，该电路能够起振。

至于 $|\dot{A}\dot{F}|>1$ 的幅度条件，对于两级放大电路应该不是问题，只要参数合适就能满足。电路的振荡频率为

$$f_0=\dfrac{1}{2\pi RC}\approx 1592.3\ \text{Hz}$$

需要注意，本例中的电容 $C_1\sim C_4$ 分别为级间耦合电容和旁路电容，由于它们的容值较大，对交流振荡频率来说可以看成短路，一般为电解电容。RC 串并联网络中的电容值较小，常用几微法以下的无极性电容，对于交流信号有选频作用，不能看成短路。

3) 稳幅措施

振荡达到一定幅度后，若 $|\dot{A}\dot{F}|$ 仍大于 1，会引起输出幅度的持续增大，导致非线性失真。所以，稳幅的作用就是达到所需的振荡幅度后，使环路增益自动减小到 1，维持等幅输出。

一般有两类稳幅措施：一是利用放大器件本身的非线性。当输出幅度越来越大，放大器即将进入非线性区域时，放大倍数会有所下降，使 $|\dot{A}\dot{F}|$ 从大于 1 自动减小到等于 1，从而维持等幅输出。

　　为使振荡电路的工作更加稳定，第二种稳幅措施就是另外加入负反馈性质的稳幅环节，在输出没有进入非线性区域之前，将放大电路的放大倍数降低，使环路增益的大小下降为 1。常用的稳幅方法有热敏电阻稳幅、二极管稳幅和场效应管稳幅等。额外采取的稳幅措施还可以改善电路输出波形的失真。

　　图 7-7 是将 R_f 用负温度系数的热敏电阻替代的稳幅方法。当输出电压幅度增加时，流过 R_f 的反馈电流随之增长，导致热敏电阻温度升高，阻值下降，所以放大器的放大倍数降低，环路增益减小；反之，当输出电压幅度下降时，将引起相反的变化过程，放大倍数增大，使输出幅度变大。

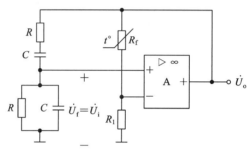

图 7-7　热敏电阻稳幅电路

　　采用正温度系数的热敏电阻也可以起到稳幅作用，只是要接在 R_1 的位置上。

　　RC 桥式正弦波振荡器电路简单，容易起振，常用于产生 1 MHz 以下的低频振荡。

　　例 7-2　在图 7-8 所示的 RC 桥式正弦波振荡电路中，已知集成运算放大器的电源电压为 ± 12 V。

　　（1）分析二极管稳幅电路的稳幅原理；

　　（2）设电路已经产生稳定的正弦振荡输出，当输出电压达到峰值时，二极管的正向压降约为 0.7 V，试估算输出电压的峰值；

　　（3）若不慎将 R_2 短路，输出电压波形有什么变化？

　　（4）若 R_2 开路，输出电压波形又将出现什么变化？

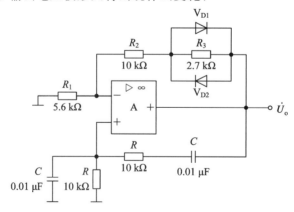

图 7-8　例 7-2 的电路图

　　解　（1）当振荡刚开始建立时，输出电压幅度较小，V_{D1}、V_{D2} 处于截止状态，不影响 R_3 的阻值，放大器的放大倍数为 $1 + \dfrac{R_2 + R_3}{R_1}$。随着输出电压幅度的增大，$V_{D1}$、$V_{D2}$ 逐渐导通，动态电阻减小，R_3、V_{D1} 和 V_{D2} 并联支路电阻减小，放大器的放大倍数下降，使环路增益下降，输出幅度维持稳定。

（2）当电路输出稳幅振荡时，放大器的电压放大倍数为 3，设二极管并联支路的等效电阻为 r_d，即

$$1 + \frac{R_2 + r_d}{R_1} = 3$$

所以，$r_d \approx 1.2\ \text{k}\Omega$。因反馈放大器输入电流虚断，所以有 $\dot{I}_{R_1} \approx \dot{I}_f$，即

$$\frac{0.7\ \text{V}}{1.2\ \text{k}\Omega} = \frac{U_{om}}{1.2\ \text{k}\Omega + 10\ \text{k}\Omega + 5.6\ \text{k}\Omega}$$

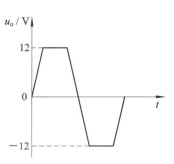

可得

$$U_{om} \approx 9.8\ \text{V}$$

（3）当 R_2 为 0 时，$|\dot{A}| < 3$，振荡器不产生振荡，输出为 0。

（4）当 R_2 开路，放大器处于开环状态时，放大倍数 $\to \infty$，输出将出现严重的非线性失真。所以，理想情况下输出会接近于方波，如图 7 - 9 所示。

图 7 - 9　例 7 - 2 的输出波形

7.2.2　RC 移相式正弦波振荡电路

根据移相电路的不同，有相位超前和相位滞后的两种 RC 移相振荡电路。

1. 相位超前的 RC 移相式正弦波振荡电路

图 7 - 10(a) 所示为采用三节 RC 移相电路作为选频和正反馈网络的移相式正弦波振荡电路，最后一节移相网络中的电阻由放大器的输入电阻担任。

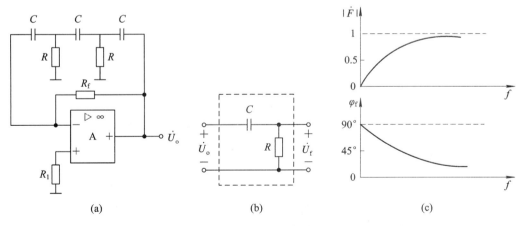

图 7 - 10　相位超前的 RC 移相式正弦波振荡电路

（a）RC 移相式正弦波振荡电路；（b）一节 RC 移相电路；（c）一节 RC 移相电路的频率特性

类似地，从图 7 - 10(b) 可知，一节相位超前的 RC 移相网络的反馈系数 $\dot{F} = \dfrac{\dot{U}_f}{\dot{U}_o}$ 为频率的函数，其频率特性如图 7 - 10(c) 所示。由频率特性可知，一节 RC 移相电路的输出电压

超前输入电压 $0\sim90°$ 的一个相位角 φ_f，所以称其为相位超前的 RC 移相电路。因为 $\varphi_a=180°$，所以欲满足相位条件，必须有 $\varphi_f=180°$。但如果仅用两节移相电路，在选频网络相移为 $180°$ 时，反馈系数的大小为 0 是不能满足起振条件的。而对于最大相移为 $270°$ 的三节移相电路来说，必有一个频率使 $\varphi_f=180°$ 满足相位平衡条件。至于幅度条件，只要调整放大器的参数，总能满足 $|\dot{A}\dot{F}|>1$。

2. 相位滞后的 RC 移相式正弦波振荡电路

如将 RC 移相电路中的电阻和电容互换位置，就成为相位滞后的 RC 移相电路，该电路的输出电压比输入电压滞后了 $0\sim90°$ 的相位角。

图 7-11 为相位滞后的 RC 移相式振荡电路，请读者自行分析其工作原理。

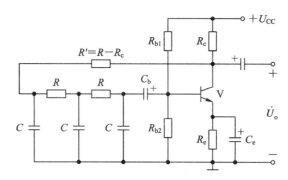

图 7-11　相位滞后的 RC 移相式正弦波振荡电路

RC 移相式正弦波振荡电路电路简单，成本低，但失真较大又不便调节频率，因此只适用于固定频率且对输出波形要求不高的场合。

思考题

1. "正弦波振荡电路中的正反馈是为了满足振荡的相位条件，那么电路中就不能再有负反馈了，否则会使电路停振。"这句话对吗？

2. 因为 RC 串并联网络的相移在 $-90°\sim+90°$ 之间，所以基本放大电路应选择同相放大电路。现将图 7-5 中的基本放大电路用同相的共集电极电路替换后，电路能否起振？

7.3　LC 正弦波振荡电路

根据选频网络结构的不同，LC 正弦波振荡电路可分为变压器反馈式、电感反馈式和电容反馈式。石英晶体振荡器也有类似 LC 振荡器的应用，其频率准确、稳定性好，在某些要求较高的场合，一般使用石英晶体振荡。

7.3.1　变压器反馈式 LC 正弦波振荡电路

1. LC 并联谐振回路的选频特性

LC 正弦波振荡电路的工作原理与 RC 电路相似，只是选频网络不同。常用的 LC 选频网络是如图 7 - 12 所示的 LC 并联谐振回路，实际上，谐振回路只由 L 和 C 两个元件构成，图中的电阻 R 表示回路的等效损耗电阻。

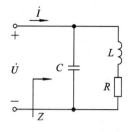

图 7 - 12　LC 并联谐振回路

仿造 RC 串并联网络的分析过程，可以得到如图 7 - 12 所示并联谐振回路复阻抗 Z 的表达式为

$$Z = (j\omega L + R) \mathbin{/\!/} \frac{1}{j\omega C} \tag{7 - 8}$$

所以，Z 是输入信号频率 ω 的函数。

经分析可知，Z 的频率特性为：当 $\omega = \omega_0 = \dfrac{1}{\sqrt{LC}}$ 时，LC 并联回路发生并联谐振，$|Z|$ 最大且为纯阻，同时相移为 $0°$；当 ω 偏离 ω_0 时，$|Z|$ 随之减小，相移增大并分别趋近 $\pm 90°$。可见，LC 并联谐振回路具有与 RC 串并联网络类似的选频特性。

需要说明的是，LC 并联回路的频率特性与等效损耗电阻 R 的大小有关。以上结论是在忽略损耗电阻的条件下得到的，如果保留 R，则谐振频率为

$$\omega_0 = \frac{1}{\sqrt{LC}} \cdot \frac{1}{\sqrt{1 + \left(\dfrac{R}{\omega_0 L}\right)^2}} = \frac{1}{\sqrt{LC}} \frac{1}{\sqrt{1 + \left(\dfrac{1}{Q}\right)^2}} \tag{7 - 9}$$

通常，用回路的品质因数 Q 来表示损耗电阻的大小与并联谐振回路性能的关系，即

$$Q = \frac{1}{R} \sqrt{\frac{L}{C}} = \frac{\omega_0 L}{R} = \frac{1}{\omega_0 RC} \tag{7 - 10}$$

Q 值是评价回路损耗大小的指标，一般在几十到几百之间。Q 值越大，回路的损耗较小，越接近于理想并联谐振，谐振频率就越接近于 ω_0，幅频特性和相频特性曲线都变得更尖锐，选频网络对不同频率信号的区分度较高，选频特性就更好。

既然 LC 并联谐振回路具有选频特性，我们可以设想用 LC 并联谐振回路这个复阻抗代替放大电路中三极管的集电极负载电阻 R_c，就可以使放大器对不同频率的输入信号具有不同的放大倍数和相移，这种具有选频特性的放大器称为选频放大器。选频放大器是 LC 正弦波振荡电路的基础，只要给选频放大器加上适当的反馈网络，利用 LC 并联回路的选频特性使其中的某一频率满足起振条件，就可以构成正弦波振荡电路了。

2. 变压器反馈式 LC 正弦波振荡电路

1）电路组成

该电路的特点是用变压器的初级或次级线圈与电容 C 构成 LC 选频网络，振荡信号的输出和反馈信号的传递都是靠变压器耦合完成的。变压器反馈式 LC 正弦波振荡器的基本电路如图 7 - 13 所示，放大电路接成共发射极的形式。电路中变压器的初级线圈 L 与 C 组成 LC 并联回路，接在三极管的集电极，起选频作用。反馈量是由变压器次级线圈 N_2 来实现的，所以称为变压器反馈式 LC 正弦波振荡电路。输出正弦波由变压器的另一个次级线圈 N_3 送给负载 R_L。图中的"·"表示两个线圈的同名端，凡标注"·"之处的瞬时极性应该相同，这是由线圈的绕法决定的。耦合电容 C_b 的作用是把反馈信号送回输入端，同时防止三极管基极对地被 N_2 直流短路。和 RC 正弦波振荡电路类似，电路中的耦合电容 C_b 和 C_e 都是容值较大的电解电容，对振荡信号相当于短路。

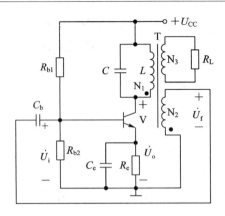

图 7-13　变压器反馈式 LC 正弦波振荡电路

2）振荡的建立与稳定

电源接通后，由电路中的噪声和干扰作为放大器的原始输入信号，该输入信号频带很宽，包含从低频到高频的各种频率分量。这些扰动信号被选频放大器放大后，获得了不同的放大倍数和相移。其中只有对频率为 ω_0 的扰动信号，集电极的 LC 并联谐振回路呈现纯阻，并且阻值最大。所以，频率为 ω_0 的扰动信号得到放大，并且除放大器本身的反相相移外，由选频回路带来的附加相移为 0。经 N_2 输出的反馈电压与三极管集电极电压极性相反，送回三极管的基极。其中只有 ω_0 频率的信号沿环路走完一圈后获得的相移是 $\pm 2n\pi$，且满足相位条件，在 $|\dot{A}\dot{F}| > 1$ 的前提下，ω_0 频率的扰动信号将再次得到放大，其他频率的信号由于不满足相位条件而被衰减，所以负载上得到的将是频率为 ω_0 的正弦波振荡信号输出，输出正弦信号频率 f_0 为

$$f_0 = \frac{1}{2\pi \sqrt{LC}} \tag{7-11}$$

变压器反馈式正弦波振荡电路建立起一定幅度的输出后，利用晶体管本身的非线性可以自行稳幅，从而维持等幅振荡输出。

我们还可以用瞬时极性法来判断该电路是否满足相位条件。若基极电压瞬时极性为正，谐振时集电极电压极性为负，根据变压器同名端的定义，从绕组 N_2 输出的反馈电压与集电极极性相反，送回输入端，所以该电路为正反馈，满足相位平衡条件 $\varphi_a + \varphi_f = \pm 2n\pi$，能够起振。从以上分析过程可知，若同名端接反，则电路不能起振。所以在实际电路连接中，如果不知道线圈的同名端，可以试连一下，如不产生振荡，只需将反馈线圈或谐振线圈中的两端接头对调即可。

若要满足 $|\dot{A}\dot{F}| > 1$ 的幅度条件，可以选 β 较大的晶体管或增加反馈线圈的匝数、调整变压器初级和次级之间的位置以提高耦合程度均可。变压器反馈式 LC 正弦波振荡电路容易起振，频率调节方便（可用可变电容器代替谐振回路中的固定电容），但振荡频率相对较低，一般为几到几十兆赫兹。

7.3.2　电感反馈式 LC 正弦波振荡电路

电感反馈式 LC 正弦波振荡电路如图 7-14 所示，因为反馈电压取自电感 L_2 上的电压，故而得名。三极管放大电路接成共发射极形式，交流时并联谐振回路的三个端点相当

于分别与晶体管的三个电极相连,故又称为电感三点式振荡电路[1]。

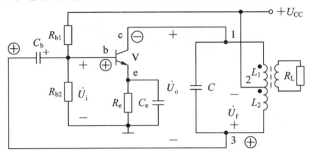

图 7 - 14　电感反馈式 LC 正弦波振荡电路

　　电感反馈式振荡电路的起振过程和变压器反馈式类似,不再详细分析,下面直接用瞬时极性法判断该电路是否满足相位条件。由于并联谐振回路中的电感线圈是按同一方向绕制的,所以 L_1、L_2 同名端位置顺序相连。假设晶体管的基极电压 $\dot{U}_i$ 极性为正,谐振时晶体管的集电极输出电压反相,由同名端的位置可知线圈 L_1 的 1 端极性为负,L_2 的 3 端为正。反馈从 3 端送回放大电路的基极,由于 2 端交流接地,所以反馈电压 $\dot{U}_f$ 为取自 L_2 上的电压 $\dot{U}_{32}$,与 $\dot{U}_i$ 同相。由此可知,对于谐振频率 $\omega_0 = \dfrac{1}{\sqrt{LC}}$ 来说,电路构成了正反馈,满足相位平衡条件。对于其他频率分量,还有不为零的附加相移,均不满足相位条件,所以输出振荡为单一频率正弦波,且频率为

$$f_0 = \frac{1}{2\pi\sqrt{LC}} \approx \frac{1}{2\pi\sqrt{(L_1 + L_2 + 2M)C}} \qquad (7-12)$$

式中,M 为线圈 L_1 与 L_2 的互感。

　　同样,若要满足起振条件,只要适当选取 $\dfrac{L_2}{L_1}$ 的数值,即改变线圈抽头的位置就可以使电路起振,一般取反馈线圈的匝数为电感线圈总匝数的 $\dfrac{1}{8} \sim \dfrac{1}{4}$ 即可。

　　在调节频率时,也可以将谐振回路中的固定电容 C 用可变电容代替,以实现较宽范围内频率的连续调节。电感反馈式振荡电路的缺点是反馈电压取自电感 L_2,而电感对高次谐波(相对于 f_0 而言)的阻抗较大,导致反馈信号和输出信号中都含有较大的高次谐波分量,因而波形较差。

　　例 7 - 3　图 7 - 15 是采用共基极放大电路构成的电感反馈式正弦波振荡电路,因为共基极电路的高频特性较好,所以这种电路形式的振荡频率可以做得更高。试用瞬时极性法判断该电路是否满足相位条件。

　　解　虽然图 7 - 15 中的电路为共基组态,但从电路的任何地方开始标注瞬时极性都可以得到正确的结论。所以仍然从三极管的基极开始标注,如图中所示。

　　由瞬时极性可知,可以产生并联谐振的扰动信号频率满足相位条件,所以电路可以起振,输出振荡频率为

$$f_0 = \frac{1}{2\pi\sqrt{LC}} \approx \frac{1}{2\pi\sqrt{(L_1 + L_2 + 2M)C}}$$

[1]　也叫做哈特莱(Hartley)振荡电路。

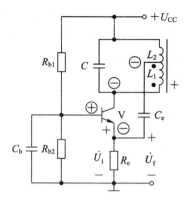

图 7 - 15　例 7 - 3 的电路图

7.3.3　电容反馈式 *LC* 正弦波振荡电路

　　将电感反馈式振荡电路中的电容换成电感、电感换成电容，就得到了电容反馈式 *LC* 正弦波振荡电路，如图 7 - 16 所示。因为反馈电压取自电容 C_2，所以称其为电容反馈式振荡电路[1]，也叫做电容三点式 *LC* 正弦波振荡电路。

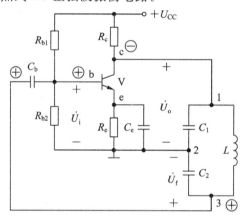

图 7 - 16　电容反馈式 *LC* 正弦波振荡电路

　　LC 回路谐振时，集电极输出电压 $\dot{U}_o$ 与基极输入电压 $\dot{U}_i$ 反相，谐振回路中的两个电容顺序相连，即 C_1、C_2 上的电压瞬时极性顺序排列，1 端和 3 端瞬时极性相反，所以送回三极管基极的 3 端电压 $\dot{U}_f$ 与 $\dot{U}_i$ 同相，是正反馈，可以起振，振荡频率近似等于 *LC* 回路的并联谐振频率，即

$$f_0 = \frac{1}{2\pi\sqrt{LC}} \approx \frac{1}{2\pi\sqrt{L\dfrac{C_1 \cdot C_2}{C_1 + C_2}}} \qquad (7-13)$$

C 为谐振回路的总电容，因为 C_1 和 C_2 并联，所以 $C = \dfrac{C_1 \cdot C_2}{C_1 + C_2}$。

　　实际应用中，只要保证管子的 β 值达到几十倍以上，并适当选取 $\dfrac{C_2}{C_1}$ 的值（通常使之大

---

① 　也叫做考毕兹(Colpitts)振荡电路。

于等于 1)，就可以使电路起振。

电容反馈式 LC 正弦波振荡电路的反馈电压取自电容 C_2，由于电容对高次谐波(对于 f_0 而言)呈现的阻抗很小，所以反馈波形和输出波形中谐波分量小，输出波形好。并且 C_1、C_2 的值可以选得很小，因此振荡频率很高，可达 100 MHz 以上。但在调节振荡频率时，要同时调节 C_1、C_2，否则会破坏振荡条件而停振，所以这种电路常用于输出频率固定、对波形要求较高的场合。通常可用在调幅和调频接收机中，并利用同轴电位器来调节振荡频率。

例 7 - 4　根据相位条件判断图 7 - 17 中由集成运放组成的克拉泼振荡电路能否起振。

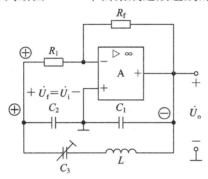

图 7 - 17　例 7 - 4 的电路图

解　为使电容反馈式振荡电路易于调节频率，可在电感 L 支路串联一个电容量值较小的电容 C_3，称为克拉泼振荡电路。因为 C_3 的改变对取出的反馈电压信号没有影响，所以通过调整 C_3 的大小可以方便地调节振荡频率。

从集成运算放大器的反相输入端开始将瞬时极性标于图 7 - 17 中，由瞬时极性可见，对于并联谐振回路的谐振频率满足相位条件，可以起振，振荡频率为

$$f_0 = \frac{1}{2\pi\sqrt{LC}} \approx \frac{1}{2\pi\sqrt{L\left(\dfrac{1}{C_1}+\dfrac{1}{C_2}+\dfrac{1}{C_3}\right)}}$$

7.3.4　石英晶体振荡电路

由于电源电压波动、温度变化等因素的影响，以上各种正弦波振荡电路产生的振荡信号频率都不够稳定。一般用频率的相对变化量 $\dfrac{\Delta f}{f_0}$ 来表征频率稳定程度，叫做频率稳定度。Q 值愈大，频率的稳定度就愈高。由于 LC 回路 Q 值有限，其频率稳定度一般小于 10^{-5}。而采用石英晶体振荡器的频率稳定度一般可达 $10^{-9} \sim 10^{-11}$。石英晶体振荡电路常用于数字电路和计算机中的时钟脉冲发生器、标准频率发生器、脉冲计数器等对频率稳定度要求较高的场合。

1. 石英晶体的基本特性和等效电路

石英晶体的主要成分是 SiO_2，是一种各向异性的结晶体，它是矿物质硅石的一种，也可以人工制造，其化学、物理性质都相当稳定。从一块晶体上按一定的方位角切下的薄片，称为晶体片(有时也切成棒状)，再在晶体片的两个对应表面上镀银并引出两个金属电极，最后用金属外壳封装而成。石英晶体的外形、结构和电路符号如图 7 - 18 所示。

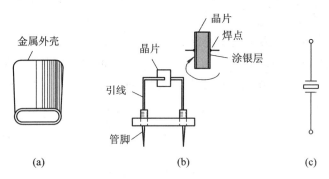

图 7 - 18　石英晶体的外形、结构和电路符号

（a）外形；（b）结构；（c）电路符号

石英晶体的主要特点是具有压电效应：在石英晶片两电极间加一个交变电压，晶体会产生和该交变电压频率相同的机械变形振动，同时机械变形振动又会产生交变电场，在其两个电极间产生交变电压。在一般情况下，这种机械振动和交变电压的幅度极其微小，但当外加交变电压的频率与晶体的固有频率相等时，振幅会急剧增大，这种现象称为压电谐振。因此，石英晶体又称为石英晶体谐振器，简称晶振。石英晶体的固有频率取决于晶片的外形、尺寸和切割方向等。石英晶体的体积越小，振荡频率越高。

压电谐振与 LC 回路的谐振现象十分相似，所以可将石英晶体等效为如图 7 - 19 所示电路。

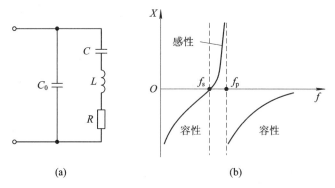

图 7 - 19　石英晶体的等效电路和电抗频率特性

（a）石英晶体的等效电路；（b）电抗频率特性

图 7 - 19(a)中的 C、L 分别模拟压电谐振晶片的质量和弹性，R 表示晶体振动时因摩擦而造成的损耗，C_0 表示金属层、电极支架等构成的分布电容。所以，由 C_0、C 和 L 可组成一个并联谐振回路，其谐振频率由回路总电容与 L 决定。由于等效电感量大，而损耗电阻又小，石英晶体等效电路的 Q 值极高，可以达到 $10^4 \sim 10^6$，所以用石英晶体选频的振荡器选频特性好、频率稳定度高，在不加稳频措施的情况下，频率稳定度就可达 10^{-9} 以上。

由等效电路可知，石英晶体有两个谐振频率：R、L、C 串联支路发生谐振时的串联谐振频率 f_s 和 R、L、C 串联支路与 C_0 组成的并联回路发生谐振时的并联谐振频率 f_p。当忽略损耗电阻 R 时，有

$$f_s = \frac{1}{2\pi\sqrt{LC}} \tag{7-14}$$

$$f_p = \frac{1}{2\pi\sqrt{LC}}\sqrt{1 + \frac{C}{C_0}} = f_s\sqrt{1 + \frac{C}{C_0}} \qquad (7-15)$$

由于 $C \ll C_0$，因此 f_s 与 f_p 很接近，在 f_s 和 f_p 之间，石英晶体呈感性；此范围之外，呈容性；在串联谐振点处，石英晶体的等效阻抗最小且为纯阻。

根据石英晶体的串联谐振和并联谐振特性，采用石英晶体选频的正弦波振荡电路有串联型石英晶体振荡电路和并联型石英晶体振荡电路两种基本形式。

2. 石英晶体振荡电路

1）串联型石英晶体振荡电路

串联谐振时，石英晶体振荡电路的等效阻抗最小且为纯阻，所以用石英晶体作反馈元件时，对等于串联谐振频率的信号正反馈最强且没有附加相移。图 7 - 20(a)是由共基极形式的电容反馈式正弦波振荡电路组成的串联型石英晶体振荡电路，由 $C_1 /\!/ C_3$、C_2 和 L 构成并联谐振回路，石英晶体支路将反馈信号送回三极管的发射极，根据瞬时极性法来判断，只有石英晶体为纯阻时才满足起振的相位条件，即只有等于石英晶体的串联谐振频率 f_s 的频率成分时，才能得到最大的正反馈量，而其他的频率成分，因石英晶体不能谐振且产生附加相移而被衰减，所以振荡电路可以产生频率为 f_s 的正弦波振荡输出。

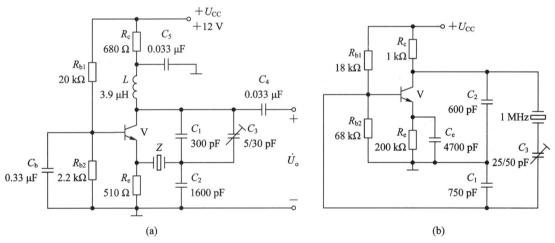

图 7 - 20　石英晶体振荡电路

(a)串联型石英晶体振荡器；(b)并联型石英晶体振荡器

2）并联型石英晶体振荡电路

当石英晶体工作于 f_s 和 f_p 之间时，具有电感性质。可以利用石英晶体的感性和两个外接电容构成电容反馈式正弦波振荡电路。图 7 - 20(b)是实用的并联型石英晶体振荡原理电路。晶体在电路中起电感作用，以构成一个电容三点式振荡电路，只有在晶体的 f_s 和 f_p 之间的频率范围内，本电路才满足起振的相位平衡条件。由于 f_s 与 f_p 十分接近，因此电路的振荡频率只取决于晶体本身的固有频率，并且十分稳定。

在石英晶体支路串联一个电容量较小的微调电容，可以微调电路的振荡频率。

石英晶体可以构成正弦波振荡电路，还可以和数字集成器件构成方波、三角波等信号产生电路，但振荡频率都由晶体本身决定。石英晶体的标准频率都标注在外壳上，如 6.5 MHz、4.43 MHz、465 kHz 等。

思考题

1. 电容反馈式 LC 正弦波振荡电路与电感反馈式 LC 正弦波振荡电路相比，其输出波形好，谐波成分少，为什么？

2. RC 正弦波振荡电路、LC 正弦波振荡电路和石英晶体正弦波振荡器的频率稳定度哪种最高、那种最低？为什么？

3. 石英晶体振荡器在串联型和并联型石英晶体振荡电路中各起什么作用？

7.4　非正弦信号产生电路

在电子技术中，经常要用到一些周期性的矩形波、锯齿波、三角波等非正弦信号，比如数字系统中不可缺少的矩形波时钟脉冲、示波器水平偏转板上加的锯齿波等。非正弦信号产生电路的基本组成部分是电压比较器和阻容定时电路。电压比较器主要用来产生矩形波输出，阻容电路用来控制非正弦输出信号的振荡周期。

7.4.1　方波产生电路

方波产生电路可以产生方波或矩形波信号，是数字系统中常用的一种信号源，由于方波或矩形波中包含着极丰富的谐波分量，因此这种电路又称为多谐振荡器。一般将图 7-21 中矩形波高电平持续的时间与信号周期的比值 $\dfrac{T_1}{T}$ 定义为占空比 q，习惯上将占空比为 50% 的矩形波称为方波。

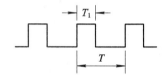

图 7-21　矩形波的占空比

1. 电路组成与工作原理

方波产生电路如图 7-22(a)所示，集成运放和 R_1、R_2 组成反相输入迟滞比较器；R_3 和 V_{DZ} 用来对输出电压幅度双向限幅；R 和电容 C 组成积分电路，用来将比较器输出电压的变化反馈回集成运放的反相输入端，以控制输出方波的周期。

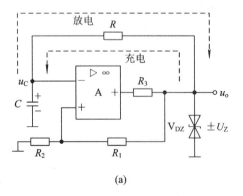

(a)

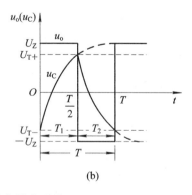

(b)

图 7-22　方波产生电路与输出波形

（a）方波产生电路；（b）输出电压与电容上的电压波形

设输出电压为随机的正向饱和值 $+U_Z$（忽略稳压管的正向导通压降），则由正反馈加于同相端的触发电压为 $U_{T+} = \dfrac{R_2}{R_1 + R_2} U_Z$，同时正向的输出电压通过反馈电阻 R 对电容 C 充电，使电容上的电压 u_C 增加。随着充电的进行，u_C 不断增大，当 u_C 增加到略大于 U_{T+} 时，输出电压立即由正饱和值翻转到负饱和值 $-U_Z$，并反馈回同相端，使同相端的触发电压变为 $U_{T-} = -\dfrac{R_2}{R_1 + R_2} U_Z$。由于输出为负向饱和值，因此电容 C 开始通过电阻 R 放电。当电容放电至 u_C 略小于 U_{T-} 时，输出状态再次翻转回正饱和值。如此循环不已，形成一系列的方波输出。

2. 参数计算

从以上分析可知，输出方波的正、负向幅度为 $\pm U_Z$。

通过电容器的充放电规律可以得到输出方波的周期为

$$T = 2RC \ln\left(1 + 2\frac{R_2}{R_1}\right) \tag{7-16}$$

对于 10 Hz～10 kHz 的低频范围固定频率输出来说，上述方波产生电路性能较好，为获得更陡峭的上升沿和下降沿，还可以选择高转换速率的集成运放。

如果图 7-22(b)所示电路中的 $T_1 \neq T_2$，则就是输出了矩形波。而 T_1 和 T_2 分别由电容的充、放电时间决定，因此，图 7-23 就是利用二极管的单向导电性而构成的矩形波产生电路。

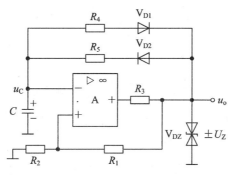

图 7-23　矩形波产生电路

可以证明，当忽略二极管动态电阻时，图 7-23 的矩形波振荡周期为

$$T = T_1 + T_2 = (R_4 + R_5)C \ln\left(1 + 2\frac{R_2}{R_1}\right) \tag{7-17}$$

占空比为

$$q = \frac{R_4}{R_4 + R_5} \times 100\% \tag{7-18}$$

7.4.2　三角波产生电路

将矩形波产生电路稍加改动再配合积分电路就可以构成能同时输出矩形波和锯齿波[①]

———————————

① 上升速率和下降速率相同的锯齿波为三角波。

的信号产生电路。

1. 电路组成与工作原理

三角波产生电路如图 7-24(a)所示，由迟滞比较器和反相积分器构成。积分器的作用是将迟滞比较器输出的方波转换为三角波，同时反馈给比较器的同相输入端，使比较器产生随输入三角波的变化而翻转的方波。这里的迟滞比较器和前述的方波发生器的区别是从同相端输入信号，但基本原理相同。

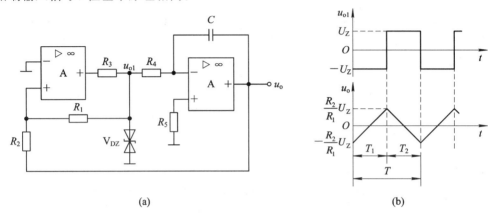

图 7-24　三角波产生电路与输出波形

(a) 三角波产生电路；(b) 输出波形

由叠加原理可知，迟滞比较器同相端的电压由比较器的输出电压 $\pm U_Z$ 和积分器的输出 u_o 共同决定，即

$$u_+ = \frac{R_2}{R_1 + R_2}(\pm U_Z) + \frac{R_1}{R_1 + R_2} u_o$$

因为比较器的翻转发生是在 $u_+ = 0$ 时，所以对应于积分器输出电压为 $\pm \dfrac{R_2}{R_1} U_Z$ 的时刻。

电源接通时，设比较器的输出 u_{o1} 为负饱和值 $-U_Z$，所以积分器的输出电压 u_o 随时间线性上升，同时比较器的同相端电压 u_+ 也随之上升。当 u_+ 略大于 0 时，比较器发生翻转，输出电压为 $+U_Z$ 且此时积分器的输出达到 $\dfrac{R_2}{R_1} U_Z$ 的正向最大值。

此后，由于 $u_{o1} = +U_Z$，积分器的输出电压 u_o 开始随时间线性下降，同时比较器的同相端电压 u_+ 也随之下降。当 u_+ 略小于 0 时，比较器发生翻转，输出电压变为 $-U_Z$ 且积分器的输出出现 $-\dfrac{R_2}{R_1} U_Z$ 的负向最大值。此后，上述过程循环往复，比较器输出方波振荡、积分器输出三角波振荡，输出波形如图 7-24(b)所示。

2. 参数计算

方波的幅度由稳压管限幅电路决定，为 $\pm U_Z$；三角波的正负向峰值为

$$U_{om} = \pm \frac{R_2}{R_1} U_Z \qquad\qquad (7-19)$$

由图 7-24(b)可知，方波和三角波的振荡频率相同。可以证明，振荡频率为

$$T = T_1 + T_2 = \frac{4R_2}{R_1} R_4 C \qquad\qquad (7-20)$$

　　若三角波波形上升和下降的速率不同，就成为锯齿波波形。所以只要令积分器的正负向积分常数不同，就可以得到锯齿波。图 7-25 是可以同时产生矩形波和锯齿波的产生电路。其工作原理和三角波产生电路相同。

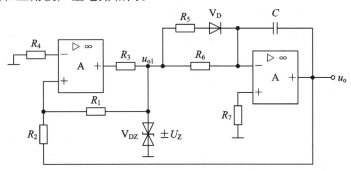

图 7-25　锯齿波和矩形波产生电路

思考题

　　1. 波形产生电路中的集成运算放大器工作于什么状态？

　　2. 矩形波和方波之间有什么关系？锯齿波和三角波呢？

　　3. 为限制比较器的输出电压幅度，经常在集成运放的输出端接入反向串联的稳压二极管限幅电路。若考虑正向导通的稳压二极管压降，则输出的正负向饱和值分别是多少？

小　　结

　　1. 本章讨论信号产生电路，根据信号产生电路输出信号的不同，可以分为正弦波产生电路和非正弦波产生电路两类。

　　2. 正弦波振荡电路由基本放大电路、正反馈网络、选频网络和稳幅环节四个部分组成。放大电路中的正反馈保证电路产生自激振荡，选频网络使振荡电路输出单一频率的正弦波，稳幅环节使输出维持不失真的等幅振荡。

　　正弦波振荡电路的起振条件是 $\dot{A}\dot{F} > 1$，平衡条件是 $\dot{A}\dot{F} = 1$。其中，相位条件可以利用瞬时极性法来判断。

　　3. 根据选频网络的不同，正弦波振荡电路分为 RC 正弦波振荡电路和 LC 正弦波振荡电路。RC 正弦波振荡器用来产生 1 MHz 以下的振荡输出，LC 正弦波振荡器用来产生 1 MHz 以上的较高频率的振荡输出。

　　4. 石英晶体振荡器的频率稳定度和准确度均较高，采用石英晶体选频的正弦波振荡电路有串联型石英晶体振荡电路和并联型石英晶体振荡电路两种基本形式。石英晶体还可以和数字集成器件构成方波、三角波等信号产生电路，振荡频率由石英晶体本身决定。

　　5. 非正弦信号产生电路的振荡输出主要包括矩形波、锯齿波等非正弦信号。由于非正弦信号不是单一频率，包含很多频率分量，所以振荡电路中没有选频网络，而是电压比较器和起定时作用的阻容元件。

习　题

7.1　用相位条件判断图 7-26 所示各 RC 正弦波振荡电路能否起振，并说明原因。

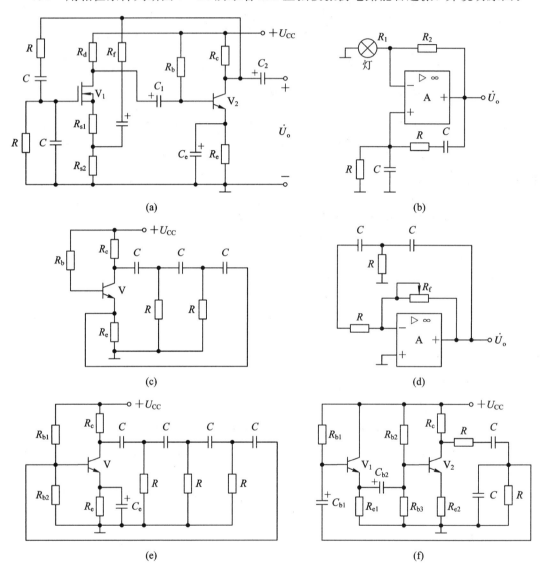

图 7-26　题 7.1 图

7.2　用相位条件判断图 7-27 中的振荡电路能否起振。并回答问题：

(1) 若电路能起振，为满足幅度条件，(a)图中的 R_f 和 R_{e1} 之间应满足什么关系？(b)图中 R_f 的数值应为多少？

(2) 若采用热敏电阻稳幅，可将电路中哪个电阻用热敏电阻替代？温度系数为正还是负？

(3) 电路的振荡频率是多少？

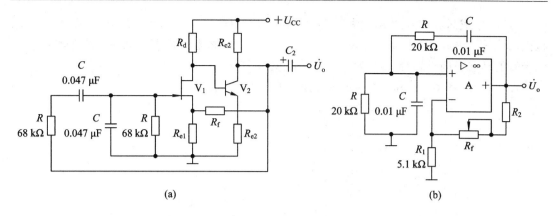

图 7 - 27　题 7.2 图

7.3　分析图 7 - 28 所示 RC 桥式正弦波振荡电路能否起振，说明 R_p 的作用。如果 R_p 开路，输出波形将有什么变化？为使电路起振，R_p 应调整为多大？

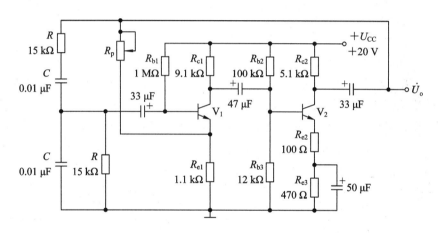

图 7 - 28　题 7.3 图

7.4　欲将图 7 - 29 所示的元器件连接成 RC 正弦波振荡电路，如何连线？若要产生振荡频率为 1 kHz 的正弦波振荡输出，当电容 $C = 0.016\ \mu F$ 时，电阻 R 应选多大？

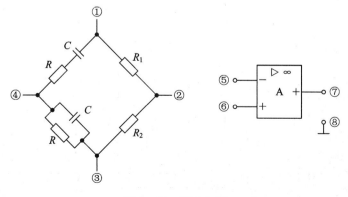

图 7 - 29　题 7.4 图

7.5 集成运放构成的 RC 桥式正弦波振荡电路如图 7-30 所示，其中 R_p 在 0～10 kΩ 范围内连续可调，说明振荡电路的起振和稳幅过程，计算电路的振荡频率。若振幅稳定后二极管的动态电阻近似为 500 Ω，则 R_p 的阻值是多少？

7.6 判断图 7-31 所示电路能否起振，并说明原因。

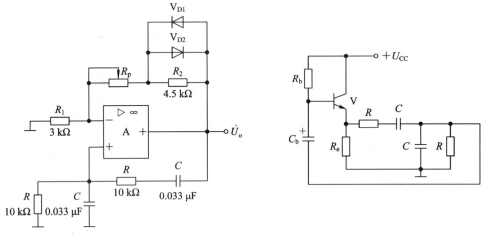

图 7-30 题 7.5 图   图 7-31 题 7.6 图

7.7 当需要频率分别在 100 Hz～1 kHz 或 10～20 MHz 范围内可调的正弦波振荡输出时，应分别采用 RC 还是 LC 正弦波振荡电路？

7.8 用相位条件判断图 7-32 所示各 LC 正弦波振荡电路能否起振，并说明原因。

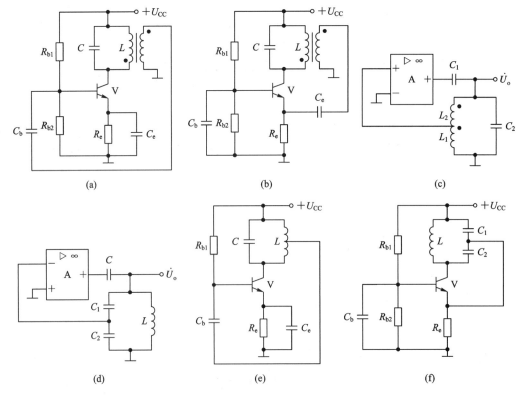

(a)   (b)   (c)

(d)   (e)   (f)

图 7-32 题 7.8 图

7.9　收音机内的本机振荡电路如图 7 - 33 所示，标出 N_1、N_2 同名端的位置使电路振荡，并计算振荡频率的可调范围。

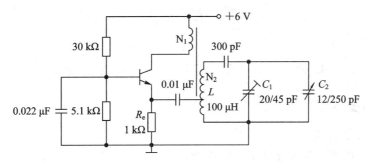

图 7 - 33　题 7.9 图

7.10　图 7 - 17 所示的克拉泼振荡电路中，设 $C_1 = C_2 = 1000$ pF，$L = 50$ μH。为实现振荡频率可调，将电容 C_3 用 12/365 pF 的可变电容代替，试求其振荡频率的变化范围。

7.11　石英晶体振荡电路如图 7 - 34 所示，指出振荡电路的类型和石英晶体在电路中所起的作用。

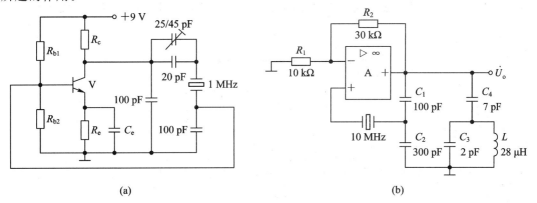

(a)　　　　　　　　　　　　　　　　　(b)

图 7 - 34　题 7.11 图

7.12　图 7 - 35 为方波-三角波产生电路，试计算电路的振荡频率，并画出 u_{o1} 和 u_{o2} 的波形。

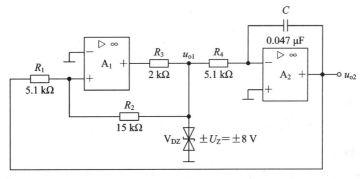

图 7 - 35　题 7.12 图

技 能 实 训

实训一　*RC*桥式正弦波振荡电路的测试

一、技能要求

1. 进一步熟悉集成运算放大器的应用；

2. 掌握*RC*桥式正弦波振荡电路的调测方法。

二、实训内容

1. 按图7-36搭接电路，开关S闭合，集成运放为±12 V双电源供电。调节R_p使输出波形稳定并且无明显失真，用示波器测出此时的振荡频率并观察输出波形。在此基础上可向两个相反方向调节R_p，测出无明显失真时输出电压幅度的变化范围。

2. 调节R_p，使振荡波形稳定，输出幅度适中，将开关S断开，观察输出波形的变化情况。

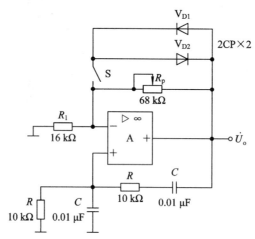

图7-36　*RC*桥式正弦波振荡电路

实训二　方波产生电路的设计

一、技能要求

掌握电压比较器的应用，熟悉方波产生电路的基本原理。

二、实训内容

设计一个方波产生电路，要求振荡频率为1 kHz，振荡幅度为±5 V。画出电路图并选择电路元件参数。

第 8 章　直流稳压电源

电子电路要想正常工作，首先就要有与之相配的直流稳压电源。在本章中，将讲解直流稳压电源的结构、工作原理及主要参数计算，并简单介绍直流稳压电源设计方法。

8.1　概　　述

一般电子设备所需的直流稳压电源都由电网中的 50 Hz/220V 交流电转化而来。图 8 - 1 为线性直流稳压电源的结构框图。可见，50 Hz/220 V 交流电经变压器变压后被二极管组成的电路整流成脉动的直流电压，再经滤波网络平滑成有一定纹波的直流电压，对于性能要求不高的电子电路，滤波后的电压就可以应用了。但对于稳压性能要求较高的电子电路，滤波后再加一级稳压环节，这样加到负载上的直流电压的纹波就非常低了。

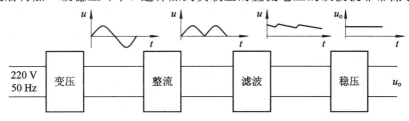

图 8 - 1　直流稳压电源框图

通常看到的直流稳压电源主要由两个参数来描述，即稳压电源的功率和稳压值。用户可以根据需要来选择合适的稳压电源。

思考题

1. 线性稳压电源的结构如何？
2. 观察身边直流稳压电源的标称值，都说明了什么？

8.2　整　流　电　路

所谓整流电路就是将交流电压(电流)变成直流电压(电流)的过程。

8.2.1　单相半波整流电路

图 8 - 2(a)为电阻负载单相半波整流电路。图 8 - 2(b)为电路中电压、电流的波形。电路中 T 为电源变压器，V_D 为整流二极管，R_L 为负载电阻。

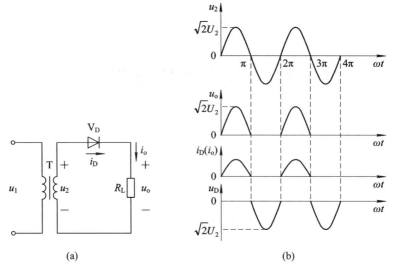

图 8 - 2　单相半波整流电路

(a) 电路图；(b) 工作波形

设电源电压 $u_2 = \sqrt{2}U_2 \sin\omega t$。在 u_2 的正半周，其极性为上正下负，二极管 V_D 因正偏而导通，若忽略二极管的导通电压，则 $u_o = u_2$；在 u_2 的负半周，其极性为上负下正，二极管因反偏而截止，$u_o = 0$。此时 u_2 全部加于二极管两端，此后不断重复上述过程。负载电阻 R_L 上的电压始终是上正下负，而且只有在 u_2 的正半周才有波形输出，实现了半波整流。半波整流电路的参数计算如下：

(1) 输出电压平均值 U_o。这是指输出电压 U_o 在一个周期中的平均值，即

$$U_o = \frac{1}{2\pi}\int_0^\pi \sqrt{2}U_2 \sin\omega t \, \mathrm{d}(\omega t) = \frac{\sqrt{2}}{\pi}U_2 \approx 0.45U_2 \qquad (8-1)$$

(2) 输出电流平均值 I_o。输出电流等于流过二极管的电流，两者的平均值也相等，为

$$I_o = I_D = \frac{U_o}{R_L} \qquad (8-2)$$

(3) 二极管承受的最高反向峰值电压 U_{RM}。u_2 负半周时二极管截止，$u_D = u_2$，因此

$$U_{RM} = \sqrt{2}U_2 \qquad (8-3)$$

半波整流电路虽然电路结构简单，但效率低，输出脉动大，因此很少单独用作直流电源。

8.2.2　单相全波整流电路

图 8 - 3(a)为电阻负载单相全波整流电路，8 - 3(b)为电路中电压、电流波形。

电路中 T 为带中心抽头的变压器，V_{D1}、V_{D2} 为整流二极管，R_L 为负载电阻。

设输入为正弦波电压，$u_{21} = u_{22} = \sqrt{2}U_2 \sin\omega t$，但变压器的次级绕组 u_{21} 和 u_{22} 均为上正下负时，V_{D1} 导通，V_{D2} 截止；而上负下正时，V_{D2} 导通，V_{D1} 截止。可见对应于输入正弦波的正负半周，都有同样大小，同方向的电压输出。

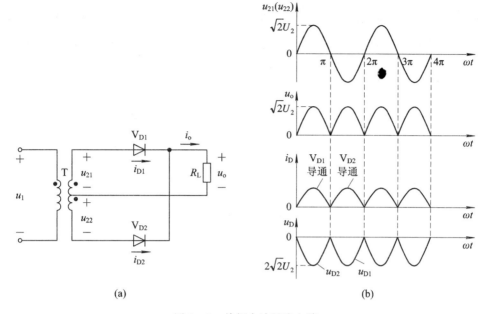

图 8 - 3　单相全波整流电路

（a）电路图；（b）电路中的电压、电流波形

按单相半波整流电路的分析方法，可得出输出电压平均值，和输出电流平均值均为单相半波整流的二倍，即

$$U_o = 0.9U_2 \tag{8-4}$$

$$I_o = \frac{U_o}{R_L} \tag{8-5}$$

二极管中的平均电流值为

$$I_D = \frac{1}{2}I_o \tag{8-6}$$

二极管承受的最大反向电压为

$$U_{RM} = 2\sqrt{2}U_2 \tag{8-7}$$

单相全波整流电路虽然性能较单相半波整流电路有较大的改善，但需要有中心抽头的变压器，对二极管的反向峰值电压要求也较高。

8.2.3　单相桥式整流电路

图 8 - 4(a)为单相桥式整流电路、图(b)为习惯画法、图(c)为电路中电压电流波形。其中 $V_{D1} \sim V_{D4}$ 为四个整流二极管，也常称之为整流桥。

设 $u_2 = \sqrt{2}U_2 \sin\omega t$，在 u_2 正半周，即上正下负时，V_{D1}、V_{D3} 导通，V_{D2}、V_{D4} 截止，忽略二极管的正向导通压降时，$u_o = u_2$，R_L 上电压方向上正下负；在 u_2 负半周，V_{D1}、V_{D3} 截止，V_{D2}、V_{D4} 导通，负载电阻 R_L 上电压大小和 u_2 一样，方向也是上正下负。可见交变的 u_2 使 V_{D1}、V_{D3} 和 V_{D2}、V_{D4} 轮流导通，结果在负载电阻 R_L 上获得单方向的脉动电压输出。参数计算如下：

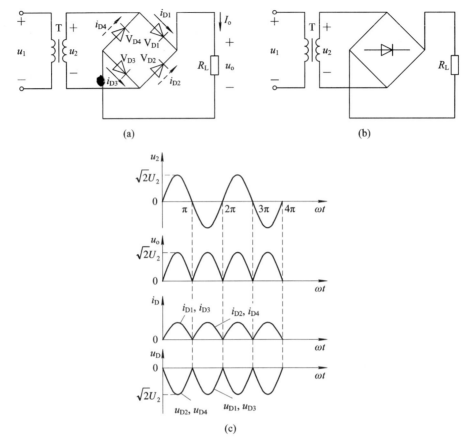

图 8 - 4　单相桥式整流电路

（a）电路图；（b）习惯画法；（c）电路中的电压、电流波形

由 u_o 波形可知，桥式整流电路的输出电压平均值是半波整流的二倍，即

$$U_o = 2\frac{\sqrt{2}}{\pi}U_2 \approx 0.9U_2 \qquad (8-8)$$

$$I_o = \frac{U_o}{R_L} \qquad (8-9)$$

由于 V_{D1}、V_{D3} 和 V_{D2}、V_{D4} 轮流导通，因此流过每个二极管的平均电流只有负载电流的一半，即

$$I_D = \frac{1}{2}I_o \qquad (8-10)$$

当 u_2 上正下负时，V_{D1}、V_{D3} 导通，V_{D2}、V_{D4} 截止，V_{D2}、V_{D4} 相当于并联后跨接在 u_2 上，因此反向最高峰值电压为

$$U_{RM} = \sqrt{2}U_2 \qquad (8-11)$$

单相桥式整流电路，不需带中心抽头的变压器，只比全波整流多用了两个二极管。但二极管的反向耐压值要求降低。电路的效率也较好，因此该电路和后续的滤波电路相配接后，得到了广泛的应用。

思考题

　　1. 单相全波整流电路中,如果一个二极管开路了,结果如何?

　　2. 单相桥式整流电路中,如果一个二极管不小心接反了,会出现什么情况? 如果二极管全接反了,会出现什么情况?

8.3　滤 波 电 路

　　整流后的直流电压脉动很大,一般不能直接用作直流稳压电压.把脉动较大的直流电压变成基本上平稳的直流电压,这就是滤波电路的任务。

8.3.1　电容滤波电路

　　在整流电路中,把一个大电容 C 并接在负载电阻两端就构成了电容滤波电路,其电路和工作波形如图 8-5 所示。

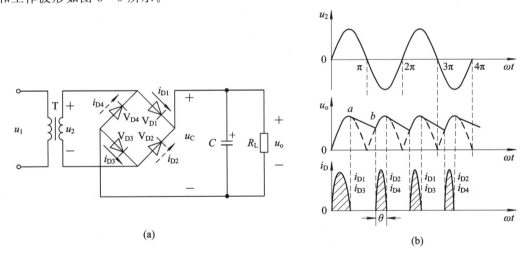

(a)　　　　　　　　　　　　　　　　(b)

图 8-5　单相桥式整流电容滤波电路及波形
(a) 电路;(b) 电压、电流波形

　　设电容 C 的初始电压为 0,并在 $\omega t = 0$ 时接通电源(图(b)中输出电压 u_o 的虚线部分为无滤波电容 C 时的情况),当 u_2 为正半周,即上正下负并逐渐增大时,V_{D1}、V_{D3} 导通,电容 C 被充电。如果忽略二极管导通的正向压降,在 u_2 达到峰值前,始终有 $u_o = u_C = u_2$,当 u_2 达到峰值(图中 a 点后)开始下降时,$u_C > u_2$,V_{D1}、V_{D3} 截止,电容向负载电阻 R_L 放电,使 $u_o(u_C)$ 按指数规律下降;即使 u_2 刚到了负半周,即上负下正时,四个二极管仍然截止,直到 u_o 下降到 b 点时,$|u_2| = |u_o|$。过了 b 点,u_2 使 V_{D2}、V_{D4} 导通,电容 C 被再次充电,在 u_2 达到峰值前始终有 $u_o = |u_2|$。当 u_2 达到峰值后,V_{D2}、V_{D4} 截止,电容向负载电阻 R_L 放电。电容如此反复充放电,可得到如图 8-5(b)所示的输出电压波形。

　　经上述分析可知,由于在二极管截止期间电容 C 向负载电阻缓慢放电,使得输出电压的脉动减小,结果平滑了许多。输出电压的平均值也得到了提高。显然 $R_L C$ 的值越大,滤波效果越好,当负载开路时($R_L = \infty$),$U_o \approx \sqrt{2} U_2$。为了取得良好的滤波效果,一般取

$$R_L C \geqslant (3 \sim 5)\frac{T}{2} \qquad\qquad (8-12)$$

式中，T 为交流电源的周期。此时的输出电压平均值为

$$U_o \approx 1.2 U_2 \qquad\qquad (8-13)$$

由图 8-5(b)可知，二极管的导通角度 θ 总小于 π，即导通时间小于 u_2 的半个周期，而电容 C 充电的瞬时电流较大，就形成了对二极管较大的冲击浪涌电流。为了保护二极管，常在滤波电容前串接一个小的保险电阻，起限流作用。工程上又用二极管的最大正向整流电流 $I_{FM} = (2 \sim 3)I_o$ 来选择二极管。

8.3.2 其他形式的滤波电路

为了进一步减小脉动成分，又不使滤波电路过大，还可采用下列滤波器。

1. $RC\Pi$ 型滤波器

图 8-6 所示是 $RC\Pi$ 型滤波器。图中 C_1 电容两端的电压中的直流分量，很小一部分降落在 R 上，其余部分加到了负载电阻 R_L 上；而电压中的交流脉动大部分被滤波电容 C_2 衰减掉，只有很小的一部分加到负载电阻 R_L 上。此种电路的滤波效果虽好一些，但电阻上要消耗功率，所以只适用于负载电流较小的场合。

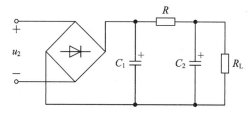

图 8-6　$RC\Pi$ 型滤波器

2. $LC\Pi$ 型滤波器

图 8-7 所示是 $LC\Pi$ 型滤波器。可见只是将 $LC\Pi$ 型滤波器中的 R 用电感 L 做了替换，由于电感具有阻交流通直流的作用，所以在增加了电感滤波的基础上，此种电路的滤波效果更好，而且 L 上无直流功率损耗，因此一般用在负载电流较大和电源频率较高的场合。缺点是电感的体积大，使电路笨重。

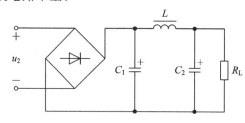

图 8-7　$LC\Pi$ 型滤波器

思考题

1. 滤波电容的选择应考虑何种参数？

2. 滤波过后电压中是否还有较高频率的交流量？

8.4　倍　压　电　路

如果用电容整流滤波电路获得了高于变压器次级峰值电压的二倍、三倍、四倍或更多倍的输出，则称该电路为倍压电路。

图 8-8 所示为二倍压电路。

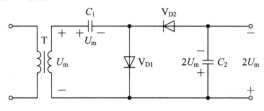

图 8-8　二倍压电路

用 U_m 表示变压器次级电压的峰值，忽略二极管的正向导通压降，当变压器次级电压上正下负时，V_{D1} 导通、V_{D2} 截止、电容 C_1 被充电，两端电压达到 U_m，如图 8-9(a) 所示。当变压器次级电压上负下正时，V_{D1} 截止、V_{D2} 导通，电容 C_2 被充电，C_2 两端电压等于 C_1 上电压与变压器次级绕组电压之和，即为 $2U_m$，如图 8-9(b) 所示。C_2 两端的电压就是输出电压。

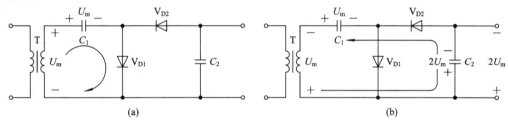

图 8-9　图 8-8 电路的倍压过程
(a) 次级电压上正下负；(b) 次级电压上负下正

图中，二极管承受的最大反向耐压值为 $2U_m$。

图 8-10 为另一种二倍压电路。当变压器次级电压上正下负时，V_{D1} 导通、V_{D2} 截止，电容 C_1 被充电，两端电压达到 U_m，如图 8-11(a) 所示。当次级电压上负下正时，V_{D1} 截止、V_{D2} 导通，电容 C_2 被充电，两端电压达到 U_m，如图 8-11(b) 所示。输出电压为 C_1 和 C_2 串连在一起的电容两端电压。

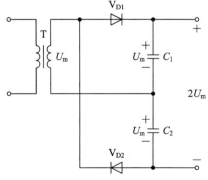

图 8-10　二倍压电路

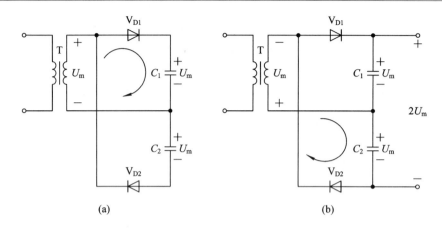

图 8-11　图 8-10 电路的倍压过程

（a）C_1 被充电；（b）C_2 被充电

图中二极管承受的最大反向电压为 U_m。

图 8-12 为三倍压和四倍压电路。设电源接通的瞬间变压器的次级上正下负，则 V_{D1} 导通、其余二极管都截止，电容 C_1 被充电，其两端电压被充到变压器的峰值电压。当次级的电压上负下正时，V_{D2} 导通、其余二极管被截止，电容 C_2 被充电。当次级的电压又转为上正下负时，V_{D3} 导通、其余二极管截止，电容 C_3 被充电，当次级电压再次上负下正时，V_{D4} 导通、其余二极管截止，电容 C_4 被充电。实际上需经过多次的反复充电，电容上的电压才能达到相对稳定的数值，除 C_1 两端的电压为 U_m，其余电容上的电压均为 $2U_m$，电容两端达到稳定值的先后顺序为 C_1、C_2、C_3、C_4，C_1 和 C_3 串联的两端电压可以达到 $3U_m$，C_2 和 C_4 串联的两端电压可以达到 $4U_m$，如图所示。

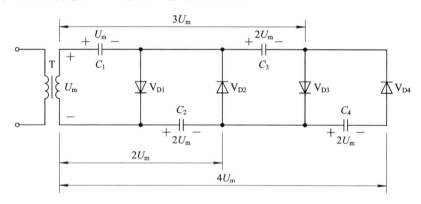

图 8-12　三倍压和四倍压电路

图中二极管所承受的反向电压峰值为 $2U_m$。

思考题

1. 如图 8-8 和图 8-10 所示，如果电容的容量大小一样，哪种电路的负载能力更强？

2. 如何构成 5 倍压电路？

8.5　线性稳压电路

滤波后的电源电路仍然存在着脉动纹波，且带负载能力差，因此只能应用于要求不高的场合。对于要求精度高，带负载能力强的稳压电源，在滤波后还需要加稳压电路。除可用稳压二极管稳压外，目前多用集成器件来完成稳压的功能。

当电路中起稳压调整作用的晶体管或集成块中的电压（或电流）为连续变化量时，此电路被称之为线性稳压电源。

8.5.1　直流稳压电源的主要性能指标

由于直流稳压电源的输出电压 U_o 是随输入电压、负载电流 I_o 和环境温度的变化而变化的，所以，可用与上述因素有关的几个指标来衡量直流稳压电源的质量。

1. 电压调整率 S_U

当负载电流和环境温度不变，输入电压波动 $\pm 10\%$ 时，输出电压的相对变化量被称之为电压调整率，即

$$S_U = \left. \frac{\Delta U_o}{U_o} \right|_{\substack{\Delta I_o = 0 \\ \Delta T = 0}} \qquad (8-14)$$

它反映了直流稳压电源克服电网电压波动影响的能力。

2. 电流调整率 S_I

当输入电压和环境温度不变，负载电流从零变到最大时，输出电压的相对变化量，叫电流调整率，即

$$S_I = \left. \frac{\Delta U_o}{U_o} \right|_{\substack{\Delta U_I = 0 \\ \Delta T = 0}} \qquad (8-15)$$

它反映了直流稳压电源克服负载变化影响的能力，实质上是反映稳压电源内阻的大小。因此也用稳压电源的内阻 r_o 来表征这一质量指标，并定义为当输入电压和环境温度保持不变时，输出电压的变化量与输出电流变化量之比，即

$$r_o = \left. \frac{\Delta U_o}{\Delta I_o} \right|_{\substack{\Delta U_I = 0 \\ \Delta T = 0}} \qquad (8-16)$$

上述电压调整率和电流调整率均用其绝对值表示。

3. 温度系数 S_T

当输入电压和负载电流均不变时，输出电压的变化量与环境温度变化量之比叫做温度系数，即

$$S_T = \left. \frac{\Delta U_o}{\Delta T} \right|_{\substack{\Delta U_I = 0 \\ \Delta I_o = 0}} \qquad (8-17)$$

它反映了直流稳压电源克服温度影响的能力。

除上述指标外，还有反映输出端交流分量的纹波电压，理论上它是指输出端叠加在直流电压上的交流基波分量的峰值。

8.5.2 串联反馈式稳压器

图 8-13 为晶体管串联反馈式稳压电路。图中 V_1 为调整元件，电阻 R_1 和 R_2 为取样电阻，R_4 和 V_{DZ} 组成标准参考电压。V_2 为比较放大元件，从反馈放大器的角度看，该电路属于电压串联负反馈电路，而且调整元件 V_1 与负载电阻 R_L 串联，因此也称之为串联反馈式直流稳压电源。其稳压过程如下：当负载电阻 R_L 不变时，假设电网电压波动引起 U_i 上升导致输出电压 U_o 向上波动。同时，取样电压增加，使 V_2 的基极电位 U_{B2} 升高，造成 V_2 管集电极 U_{C2} 也就是 V_1 管的基极电位 U_{B1} 的下降，这样使 V_1 管的基极电流 I_{B1} 和集电极电流 I_{C1} 下降从而使管压降 U_{CE1} 增加。由于输出电压 U_o 等于输入电压 U_i 减 V_1 管压降 U_{CE1}，因此抑制了输出电压的增加，起到了稳压作用。电路中的电压和电流调整过程如下：

$$U_i \uparrow \ \rightarrow \ U_o \uparrow \ \rightarrow \ U_{B2} \uparrow \ \rightarrow \ U_{BE2} \uparrow \ \rightarrow \ U_{C2}(U_{B1}) \downarrow$$

$$\downarrow U_o \ \xleftarrow{U_o = U_i - U_{CE1}} \ \uparrow U_{CE1} \ \leftarrow \ \downarrow I_{C1} \ \leftarrow \ \downarrow I_{B1} \ \leftarrow$$

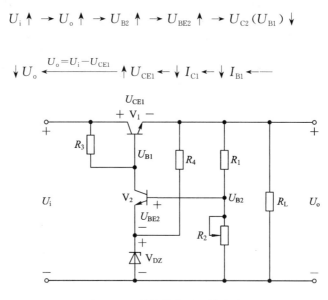

图 8-13　晶体管串联反馈式稳压电路

同理，当输入电压波动引起输出电压减小时，电路将产生与上述相反的稳压过程。

设 U_i 一定，而负载电阻变大时，也将引起输出电压向上波动。和上述分析过程一样，最后导致管压降 U_{CE1} 的增加，从而抑制了输出电压的增加。相反地，负载电阻变小时，引起输出电压向下波动，最终导致 V_1 管压降下降，从而抑制了输出电压的下降。

总之，当输出电压向上波动时，调整管的管压降将增大，输出电压向下波动时，调整管的管压降将减小。无论什么原因引起的输出电压的变化，最终的变化量都落到了调整管上，而保证了输出电压的基本恒定。

8.5.3 三端集成稳压器

根据上述电路的稳压原理，开发出了功能更强、性能更优越、种类齐全的多端和三端集成稳压器，可分为正输出和负输出、固定输出和可调输出、通用型和低压差型等类型。下面主要介绍三端集成稳压器。

1. 三端固定输出线性集成稳压器

三端固定输出线性集成稳压器有 CW78×× (正输出) 和 CW79×× (负输出) 系列，其型号后两位 ×× 所标数字代表输出电压值，有 5 V、6 V、8 V、12 V、15 V、18 V、24 V 之分。其中额定电流以 78 (或 79) 后面的尾缀字母区分，其中 L 表示 0.1 A，M 表示 0.5 A，无尾缀字母表示 1.5 A。如 CW78M05 表示正输出，输出电压 5 V，输出电流 0.5 A。

2. 三端可调线性集成稳压器

三端可调线性集成稳压器除了具备三端固定式集成稳压器的优点外，在性能方面有了进一步提高，特别是由于输出电压可调，应用更为灵活。目前，国产三端可调正输出集成稳压器系列有 CW117 (军用)、CW217 (工业用)、CW317 (民品)；负输出集成稳压器系列有 CW137 (军用)、CW237 (工业用)、CW337 (民用) 等。

几种三端集成稳压器外形及管脚排列如图 8 - 14 所示。

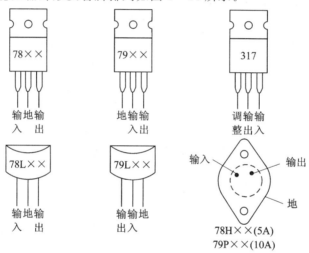

图 8 - 14　三端集成稳压器外形及管脚排列

8.5.4　三端集成稳压器的应用

1. CW78××、CW79×× 器件的应用

图 8 - 15 为电路原理图，为保证稳压器正常工作，其输入输出电压差应大于 2 V。

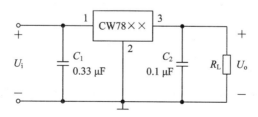

图 8 - 15　CW78×× 系列集成块基本应用电路

电容 C_1 是为了减小输入电压的纹波而设置的，它可以抵消输入线较长产生的电感效应，以防止自激振荡。输出端电容 C_2 用以改善负载的瞬态响应，消除电路的高频噪声。

三端集成稳压器当中的低压差器件,输入输出之间的电压差在 0.6 V 以下,有的在 0.4 V 以下也能正常工作,其静态工作电流只有几毫安至几十毫安,效率很高。电路与图 8-15 所示相同。

2. 三端可调输出集成稳压器的应用

如图 8-16 所示为输出可调的正电源,图中电容 C_1、C_3 的作用同图 8-15 电路中的作用一样,电容 C_2 用于抑制调节电位器时产生的纹波干扰。二极管 V_{D1}、V_{D2} 为保护电路。V_{D1} 用于防止输入短路时 C_3 通过稳压器的放电而损坏稳压器,V_{D2} 用于防止输出短路时 C_2 通过调整端放电而损坏稳压器。在输出电压小于 7 V 时,也可不接。

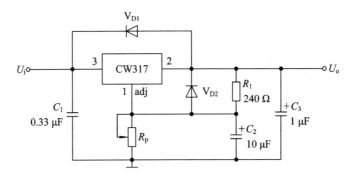

图 8-16　CW317 的典型应用电路

常温下输出端与调整端之间的电压典型值为 1.25 V,由图可知

$$U_o = 1.25 \times \left(1 + \frac{R_p}{R_1}\right) + I_{adj} R_p \approx 1.25 \times \left(1 + \frac{R_p}{R_1}\right) \tag{8-18}$$

式中,I_{adj} 为调整端的电流,因其值比较小,可忽略。

图 8-17 所示是以 CW317、CW337 为例的输出可调正负电源的电路图。其分析、计算方法和正电源相同。

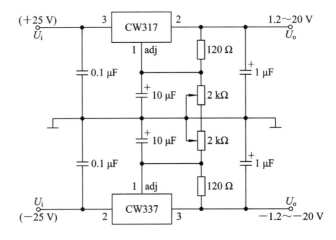

图 8-17　CW317 和 CW337 构成的正负稳压电源

思考题

1. 如图 8 - 16 中是否可以用调 R_p 的方法使输出电压任意调大？

2. 在图 8 - 13 中，如果去掉电阻 R_4，电路能否正常工作，为什么？

8.6　开关稳压电源

前面讨论过的线性稳压电源。其调整管在稳压过程中的电压和电流是连续的，自耗过大，使稳压电源的效率降低，也不利于电源的安全稳定工作。为了解决上述问题，设计出了开关型的稳压电源，并且得到了广泛的应用。

所有开关电源的调整管都工作在开关状态，即调整管饱和时，管压降小，调整管截止时，电流为零。可知调整管的功耗（$P_c = U_{CE} I_c$）很小，效率很高，一般可达 $80\% \sim 90\%$。一些电路中，场效应管被用作调整管。计算机、彩色电视机中全部采用了开关电源。

8.6.1　开关电源的控制方式

1. 脉冲宽度调制方式

脉冲宽度调制方式简称脉宽调制（Pules Width Modulation），缩写为 PWM 式。其特点是固定开关频率，通过改变脉冲宽度来调节占空比，如图 8 - 18(a)所示。其缺点是受功率开关管最小导通时间的限制，对输出等效电压大小不能做宽范围有效调整。目前集成开关电源大多采用 PWM 方式。

2. 脉冲频率调制方式

脉冲频率调制方式简称脉频调制（Pules Frenqency Modulation），缩写为 PFM。它是将脉冲宽度固定，通过改变开关频率来调节占空比的，如图 8 - 18(b)所示，t_p 表示脉冲宽度（即功率开关管的导通时间 T_{ON}），T 代表周期。从中很容易看出二者的区别。无论是改变 t_p 还是 T，最终调节的都是脉冲占空比（t_p/T），输出电压和占空比成正比。

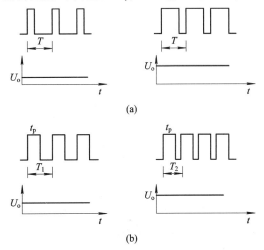

图 8 - 18　开关电源脉冲调制方式

(a) PWM 调制；(b) PFM 调制

3. 混合调制方式

混合调制方式是指脉冲宽度与开关频率均不固定，彼此都能改变的方式，它属于 PWM 和 PFM 混合方式。由于 t_p 和 T 均可单独调节，因此占空比调节范围最宽，适合制作供实验室使用的输出电压可以宽范围调节的开关电源。

8.6.2 脉宽调制式开关电源的基本原理及应用电路

1. 带高频输出变压器的开关电源

脉宽调制式开关电源的原理框图如图 8-19 所示。交流 220 V 输入电压经过整流滤波电路后变成直流电压，再由功率开关管 V（或 MOSFET）斩波、高频变压器 T 变压，得到高频矩形波电压，后通过整流滤波器，获得所需要的直流输出电压。脉宽调制器是这类开关电源的核心，它能产生频率固定而脉冲宽度可调的驱动信号，以控制功率开关管的通断状态，来调节输出电压的高低，达到稳压目的。假如由于某种原因致使 U_o 下降，脉冲调制器就会改变驱动信号的脉冲宽度，亦即改变占空比，使斩波后的平均电压值升高，使 U_o 稳定。反之亦然。

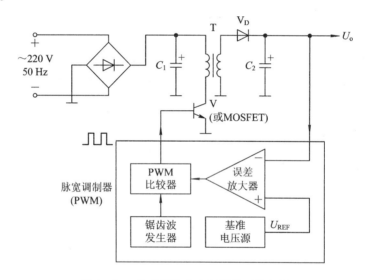

图 8-19　带高频输出变压器的开关电源

图 8-20 为单片开关电源典型应用电路。TOPSwitch 为 PWM 控制系统的集成芯片，为美国 PI 公司的产品，T 是高频变压器，V_{DZ1} 和 V_{D1} 保护 TOPSwitch 不被高频变压器产生的尖峰电压所击穿，V_{D2} 和 C_{out}、V_{D3} 和 C_F 起整流滤波作用。

该电源采用配稳压管的光耦反馈电路。反馈绕组电压经过 V_{D3} 整流、C_F 滤波后获得反馈电压，经光耦三极管给 TOPSwitch 的控制端提供偏压。C_T 是控制端的旁路电容。该电源的稳压原理简述如下：当由于某种原因，比如交流电压升高或负载变轻致使 U_o 升高时，因 V_{DZ2} 两端电压不变，故 U_o 就随之升高，使 R_1 电流增大，导致光耦三极管的电流 I_C 增大。但因 TOPSwitch 的输出占空比 q 与 I_C 成反比，故 q 减小，这就迫使 U_o 降低，达到了稳压的目的。

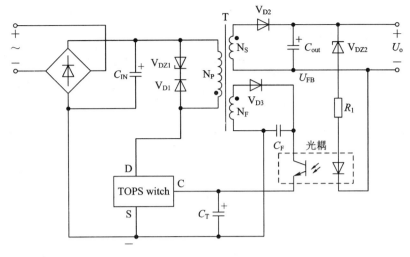

图 8 - 20　单片开关电源典型应用电路

2. 不带高频输出变压器的开关电源

不带高频输出变压器的开关电源原理图如图 8 - 21 所示。它由开关调整管 V_1、滤波器及续流二极管 V_{D2}、控制电路三大部分组成。其中控制电路有专用的集成电路，其内部包含三角波（或锯齿波）产生器、基准电压源、误差放大器 A、电压比较器 C 等，虚线框内为专用的集成电路，有些专用的集成电路也把调整管置于其中。

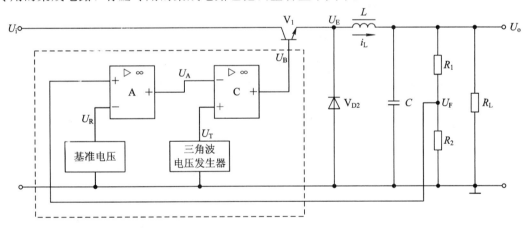

图 8 - 21　不带高频输出变压器的开关电源

这种开关稳压电源的基本工作原理是：控制电路使调整管 V_1 工作在开关状态，将整流滤波输出的电压变成断续的矩形脉冲电压 U_E，再经 LC 滤波及二极管 V_{D2} 续流变为直流电压输出。自动稳压是靠取样电压 U_F 经控制电路去改变调整管的开关时间实现的。

图 8 - 22 为 L4690 构成的不带高频输出变压器的单片开关电源应用电路。

由意-法半导体有限公司生产的 L4690 系列产品，是目前国际上最具代表性的多端单片开关式稳压器。它们属于高效率、非隔离、低压输入、大电流输出的脉宽调制式 DC/DC 电源变换器。此类稳压器的输出电压可连续调节，多端单片开关式稳压器既可单独使用，又便于配合 TOPSwitch 或脉宽调制器组成输出电压连续可调的复合式开关电源。图中 L 为滤波电感，C_5、C_6 为滤波电容，V_D 为续流二极管，R_4 和 R_3 为取样电阻。

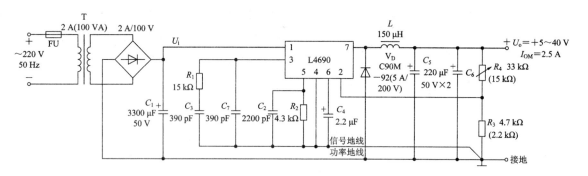

图 8-22 L4690 典型应用电路

思考题

开关电源的最大优点是什么？

小 结

传统的直流稳压电源包括变压、整流、滤波、稳压等几个部分。整流是利用二极管的单向导电性，将交流电变成单方向的脉动电压，然后利用电容、电感和电阻等元件组成滤波器，将其滤波成比较平滑的直流电压。本章从介绍单相半波整流电路入手，讲解了全波整流、桥式整流、电容滤波、$RC\Pi$ 型滤波、$LC\Pi$ 型滤波等电路，并介绍了倍压整流电路。

整流滤波后的输出电压是不稳定的，它会因电网电压波动和负载电流变化而受到影响，因此还需要进行稳压。

早期的稳压电路有串联负反馈式线性稳压电路。随着集成电路的发展，以串联负反馈线性稳压电路为基础，产生了外部引脚少、性能优越的三端集成稳压器。应掌握它的型号及所对应的性能和应用。

非线性开关稳压电路，由于调整管工作在开关状态，所以其效率高、体积小，因而在大功率稳压电源中被广泛使用。本章介绍了开关稳压器的种类及稳压原理，并给出了两种应用电路的实例。

习 题

8.1 在图 8-23 所示电路中，已知输入电压 u_i 为正弦波，试分析哪些电路可以作为整流电路？哪些不能，为什么？应如何改正？

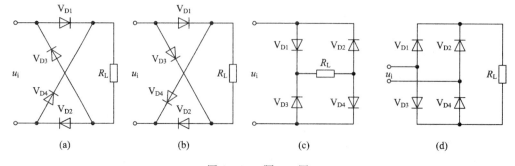

图 8-23 题 8.1 图

8.2　在如图 8-5 所示的单相桥式整流电容滤波电路中，已知 $C=1000\ \mu F$，$R_L=40\ \Omega$，若用交流电压表测得变压器次级电压 20 V，再用直流电压表测得 R_L 两端电压为下列几种情况，试分析哪些是合理的？哪些表明出了故障？并说明原因。

（1）$U_o=9\ V$；　　　　（2）$U_o=18\ V$；

（3）$U_o=28\ V$；　　　　（4）$U_o=24\ V$。

8.3　已知桥式整流电路负载 $R_L=20\ \Omega$，直流电压 $U_o=36\ V$。试求变压器次级电压及流过整流二极管的平均电流。

8.4　在桥式整流电容滤波电路中，已知 $R_L=120\ \Omega$，$U_o=30\ V$，交流电源频率 $f=50\ Hz$。试选择整流二极管，并确定滤波电容的容量和耐压值。

8.5　试分析如图 8-24 所示电路，已知稳压管的稳定电压 $U_Z=12\ V$，硅稳压管稳压电路输出电压为多少？R 值如果太大时能否稳压？R 值太小又如何？

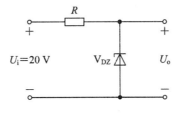

图 8-24　题 8.5 图

8.6　在如图 8-13 所示的串联型稳压电路中，已知稳压管 V_{DZ} 的稳定电压 $U_Z=3.3\ V$，输出电压的正常值为 $U_o=12\ V$，如果 $R_1=1\ k\Omega$，则 R_2 应调到多大值？如要求 U_o 能调节 $\pm10\%$，R_2 应为多大的电位器？

8.7　在如图 8-13 所示的串联型稳压电路中，若已知取样电阻 $R_1=100\ \Omega$，$R_2=400\ \Omega$，基准电压 $U_Z=6\ V$，求输出电压的调节范围。

8.8　在下面几种情况下，可选用什么型号的三端集成稳压器：

（1）$U_o=+12\ V$，R_L 最小值为 15 Ω；

（2）$U_o=+6\ V$，最大负载电流为 300 mA；

（3）$U_o=-15\ V$，输出电流范围为 $10\sim80$ mA。

8.9　在图 8-25 所示电路中，三极管 V 起何种作用？

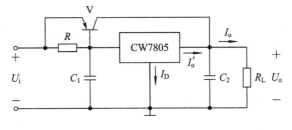

图 8-25　题 8.9 图

8.10　在如图 8-26 所示电路中，三端集成稳压器静态电流 $I_D=6\ mA$，R_p 为电位器，为了得到 10 V 的输出电压，试问：应将 R_p 调到多大？

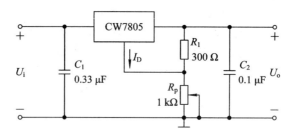

图 8-26 题 8.10 图

8.11 确定在如图 8-27 所示电路中开关在"1"和"2"位置时各输出电压值或输出电压范围。

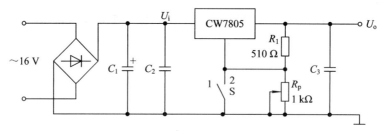

图 8-27 题 8.11 图

8.12 图 8-28 是一种开关电源的基本原理图，试说明 L、C、V、V_D 的作用，并画出图中的 U_s、u_C、U_o 波形。

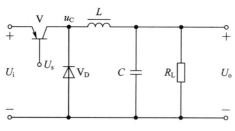

图 8-28 题 8.12 图

8.13 如图 8-29 所示电路为一开关电源原理图，分别说明图中三极管 V、二极管 V_D、电容 C 的用途。

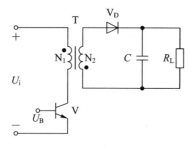

图 8-29 题 8.13 图

技 能 实 训

实训一　简易电源设计

一、技能要求

熟悉变压、整流、滤波电源的设计方法；

二、实训内容

1. 电源的输出电压值为 16 V，输出电流为 1 A；

2. 选择合适的电容、二极管及变压器；

3. 测出输出电流在 50 mA～1 A 时，输出电压的波动范围。

实训二　集成稳压器的应用

一、技能要求

1. 熟悉三端集成稳压器件；

2. 掌握正负双电源的设计。

二、实训内容

1. 设计一个具有正负输出端的双电源，输出电压的可调范围 0～±24 V，输出电流最大为 1 A；

2. 画出正确的电路，选择正确的元件；

3. 当负载电路变化时，测出电路的电流调整率。

附录 A　半导体分立器件的型号命名方法

1. 型号组成原则

根据国家标准(GB249 – 89)，半导体分立器件型号由五部分组成，各部分意义如下：

第一部分：用阿拉伯数字表示器件的电极数目；

第二部分：用汉语拼音字母表示器件的材料和极性；

第三部分：用汉语拼音字母表示器件的类别；

第四部分：用阿拉伯数字表示序号；

第五部分：用汉语拼音字母表示规格号。

应注意的是，场效应器件、特殊半导体器件、复合管、PIN 型管、激光器件的型号命名只有第三、四、五部分。

2. 型号组成部分的符号及其意义

型号组成部分的符号及其意义如表 A – 1 所示。

表 A – 1　半导体分立器件型号组成部分的符号及意义

第一部分		第二部分		第三部分		第四部分	第五部分
用阿拉伯数字表示器件电极数目		用汉语拼音字母表示器件的材料和极性		用汉语拼音字母表示器件的类别		用阿拉伯数字表示序号	用汉语拼音字母表示规格号
符号	意　义	符号	意　义	符号	意　义		
2	二极管	A	N 型，锗材料	P	小信号管		
		B	P 型，锗材料	V	混频检波管		
		C	N 型，硅材料	W	电压调整管和电压基准管		
		D	P 型，硅材料	C	变容管		
3	三极管	A	PNP 型，锗材料	Z	整流管		
		B	NPN 型，锗材料	L	整流堆		
		C	PNP 型，硅材料	S	隧道管		
		D	NPN 型，硅材料	K	开关管		
		E	化合物材料	X	低频小功率晶体管 $(f_M < 3\ \text{MHz}, P_{CM} \leqslant 1\ \text{W})$		
				G	高频小功率晶体管 $(f_M > 3\ \text{MHz}, P_{CM} \leqslant 1\ \text{W})$		
				D	低频大功率晶体管		

续表

第一部分		第二部分		第三部分		第四部分	第五部分
用阿拉伯数字表示器件电极数目		用汉语拼音字母表示器件的材料和极性		用汉语拼音字母表示器件的类别		用阿拉伯数字表示序号	用汉语拼音字母表示规格号
符号	意义	符号	意义	符号	意义		
				A	高频大功率晶体管 $(f_M < 3\ \mathrm{MHz},\ P_{CM} \geqslant 1\ \mathrm{W})$ $(f_M > 3\ \mathrm{MHz},\ P_{CM} \geqslant 1\ \mathrm{W})$		
				T	闸流管		
				Y	体效应管		
				B	雪崩管		
				J	阶跃恢复管		

例 A-1　锗 PNP 型高频小功率晶体管。

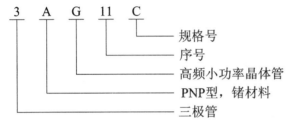

3　A　G　11　C
　　　　　　　└── 规格号
　　　　└── 序号
　　└── 高频小功率晶体管
　└── PNP型，锗材料
└── 三极管

例 A-2　硅整流二极管 2CZ50X。

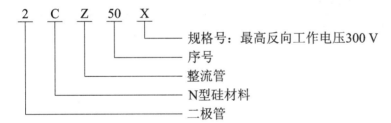

2　C　Z　50　X
　　　　　　　└── 规格号：最高反向工作电压300 V
　　　　└── 序号
　　└── 整流管
　└── N型硅材料
└── 二极管

3. 由第三、四、五部分组成的器件型号的符号及意义

由第三、四、五部分组成的器件型号的符号及意义如表 A-2 所示。

表 A-2　由第三、四、五部分组成的器件型号

第三部分		第四部分	第五部分
用汉语拼音字母表示器件的类别		用阿拉伯数字表示序号	用汉语拼音字母表示规格号
符　号	意　义		
CS*	场效应晶体管		
BT	特殊晶体管		
FH	复合管		
PIN	PIN 管		
ZL	整流管阵列		

第三部分		第四部分	第五部分
用汉语拼音字母表示器件的类别		用阿拉伯数字表示序号	用汉语拼音字母表示规格号
符　号	意　义		
QL	硅桥式整流器		
SX	双向三极管		
DH	电流调整管		
SY	瞬态抑制二极管		
GS	光电子显示器		
GF	发光二极管		
GR	红外发射二极管		
GJ	激光二极管		
GD	光电二极管		
GT	光电晶体管		
GH	光耦合器		
GK	光开关管		
GL	摄像线阵器件		
GM	摄像面阵器件		

＊CS 表示双绝缘栅场效应晶体管。

例 A－3　场效应晶体管 CS2B。

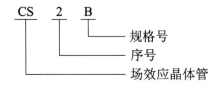

附录 B　二极管和三极管的型号及主要参数举例

半导体二极管和双极型三极管的种类型号繁多，以下仅列出几种供参考，参见表 B-1、B-2、B-3。

表 B-1　二极管型号和主要参数举例

类　型	型　号	最大整流电流 I_F /mA	最高反向工作电压 U_{BR} /(峰值)V	反向电流 I_R /μA	最高工作频率 f_M /Hz	结电容 /pF
点接触型 锗二极管	2AP1	16	20	≤250	150 M	≤1
	2AP2	16	30			
	2AP3	25	30			
	2AP4	16	50			
	2AP5	16	75			
硅整流二极管	2CZ54C	400	100	250	3 k	
	2CZ54D	400	200	250	3 k	
	2CZ54E	100	100	≤20	50 k	
	2CZ54F	100	200	≤20	50 k	
加散热片的 硅整流二极管	2CZ55C	1000	100	≤600	≤3 k	
	2CZ56C	3000	50	≤1000	≤3 k	

表 B-2　稳压二极管的型号和主要参数举例

型　号	稳定电压 U_Z/V	最小稳定电流 I_{Zmin}/mA	最大稳定电流 I_{ZM}/mA	动态电阻 /Ω	U_Z 的温度系数 K %/℃	最大耗散功率 P_{ZM} /mW
2DW230	5.8~6.6	10	30	≤25	| 0.05 |	200
2DW231	5.8~6.6			≤15		
2DW232	6.0~6.5			≤10		
2CW50	2.5~3.5	10	71	80	≥-0.09	250
2CW51	3.2~4.5		55	70	-0.05~0.04	
2CW76	11.5~12.5	5	20	18	≤0.095	250
2CW77	12.5~14		18			

表 B-3 三极管型号和主要参数举例

类　型		型　号	β	P_{CM} /W	I_{CM} /mA	$U_{(BR)CEO}$ /V	I_{CEO} /μA
低频 小功率 三极管	硅管	3CX200A(PNP) 3DX200A(NPN)	55～400	0.3	300	≥12	≤2
	锗管	3AX31A(PNP) 3BX31A(NPN)	40～180	0.125	125	≥6 ≥10	≤800
低频大功 率三极管	硅管	3DD206(NPN)	≥30	25	1500	≥400	≤0.1
	锗管	3AD150A(PNP)	≥30	1	100	≥100	≤10
硅高频 小功率三极管		3DG6A(NPN)	10～200	0.1	20	15	≤0.1
		3DG6B(NPN)	20～200			20	≤0.01
		3DG6C(NPN)	20～200			20	≤0.01
		3DG6D(NPN)	20～200			30	≤0.01
		3CG14A(PNP)	20～150	0.15	25	≥12	≤0.1
		3CG14B(PNP)				≥15	
		3CG14C(PNP)				≥15	
		3CG14D(PNP)				≥15	

附录 C 硅整流二极管最高反向工作电压分挡规定

硅整流二极管最高反向工作电压分挡规定参见表 C-1。

表 C-1 硅整流二极管最高反向工作电压分挡规定

符　号	A	B	C	D	E	F	G	H	J	K	L
最高反向工作电压/V	25	50	100	200	300	400	500	600	700	800	900
色　环		黑	棕	红	橙	黄	绿	蓝	紫	灰	（塑封、玻璃管使用，带色环端为负极）

符　号	M	N	P	Q	R	S	T	U	V	W	X
最高反向工作电压/V	1000	1200	1400	1600	1800	2000	2200	2400	2600	2800	3000

例 C-1 硅整流二极管 2CZ50X 中的 X 代表最高反向工作电压为 3000 V。

附录 D　国内外集成电路型号命名方法

1. 我国采用的半导体集成电路型号命名方法

根据国家标准(GB3430−89)，半导体集成电路的型号由五个部分组成，其五个部分的符号及意义，如表 D−1 所示。

表 D−1　半导体集成电路的型号组成

第 0 部分		第一部分		第二部分	第三部分		第四部分	
用字母表示器件符合国家标准		用字母表示器件的类型		用阿拉伯数字和字母表示器件的系列品种	用字母表示器件的工作温度范围		用字母表示器件的封装	
符号	意义	符号	意义	其中 TTL 分为	符号	意义	符号	意义
C	符合国家标准	T	TTL 电路	54/74×××;	C	0～70℃	B	塑料扁平
		H	HTL 电路	54/75H×××;	G	−25～70℃	F	多层陶瓷扁平
		E	ECL 电路	54/74L×××;	L	−25～85℃	D	多层陶瓷双列直插
		C	CMOS 电路	54/74S×××;	E	−40～85℃	P	塑料双列直插
		F	线性放大器	54/74LS×××;	R	−55～85℃	J	黑瓷双列直插
		D	音响、电视电路	54/74AS×××;	M	−55～125℃	K	金属菱形
		W	稳压器	54/74ALS×××;			T	金属圆形
		J	接口电路	54/74F×××;			H	黑瓷扁平
		B	非线性电路	54/74AC×××;			S	塑料单列直插
		M	存储器	54/74AC(T)			C	陶瓷片状载体
		μ	微型机电路				E	塑料片状载体
		AD	A/D 转换器	CMOS 分为			G	网格阵列
		DA	D/A 转换器	4000 系列;				
		SC	通信专用电路	54/74HC×××;				
		SS	敏感电路	54/74HCT×××				
		SW	钟表电路					
		SJ	机电仪电路					
		SF	复印机电路					
		VF	电压/频率和频率/电压转换电路					

说明：按照国际上通用的表示方法，各种数字电路的简写如下：

标准 TTL：STDTTL；高速 TTL：HTTL；低功耗 TTL：LTTL；肖特基 TTL：STTL；低功耗肖特基 TTL：LSTTL；先进肖特基 TTL：ASTTL；先进低功耗肖特基 TTL：ALSTTL；仙童(快捷)、先进 TTL：FAST；高速 CMOS：HC 和 HCT；先进 CMOS：AC 和 ACT；54：−55～125℃；74：0～70℃。

例 D-1 肖特基双 4 输入与非门 CT54S20MD。

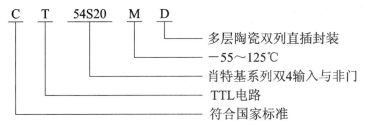

多层陶瓷双列直插封装
−55～125℃
肖特基系列双4输入与非门
TTL电路
符合国家标准

例 D-2 CMOS4000 系列四双向开关 CC4066EJ。

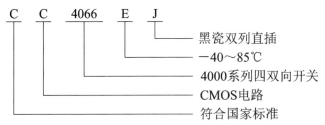

黑瓷双列直插
−40～85℃
4000系列四双向开关
CMOS电路
符合国家标准

例 D-3 通用型集成运算放大器 CF741CT。

金属圆形封装
0～70℃
通用型集成运算放大器
线性放大器
符合国家标准

2. 国外半导体集成电路型号示例

国外的集成电路型号，各个生产厂家可能都稍有不同，下面举例说明。

（1）日本电气公司。

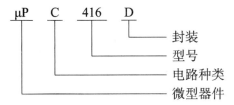

封装
型号
电路种类
微型器件

其中，电路分类中的 A 为分立器件；B 为数字双极器件；C 为线性；D 为数字 CMOS。封装中的 D 为密封；C 为塑料封装。

（2）日本松下电器公司。

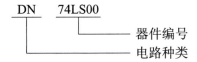

器件编号
电路种类

其中，电路种类中的 AN 为模拟器件；DN 为数字双极器件；MJ 为开发器件；MN 为 MOS 电路。

（3）美国得克萨斯公司。

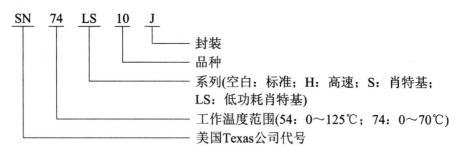

SN　74　LS　10　J

- J — 封装
- 10 — 品种
- LS — 系列(空白：标准；H：高速；S：肖特基；LS：低功耗肖特基)
- 74 — 工作温度范围(54：0～125℃；74：0～70℃)
- SN — 美国Texas公司代号

参 考 文 献

[1] 集成电路手册编委会. 中外集成电路简明速查手册. TTL、CMOS 电路. 北京：电子
     工业出版社，1999

[2] 中国集成电路大全编委会. 中国集成电路大全 TTL 集成电路，中国集成电路大全
     CMOS 集成电路. 北京：国防工业出版社，1985

[3] 熊保辉. 电子技术基础. 北京：中国电力出版社，1999

[4] 康华光. 电子技术基础. 5 版. 北京：高等教育出版社，2006

[5] 付植桐. 电子技术. 3 版. 北京：高等教育出版社，2008

[6] 裴国伟. 电子技术基础. 北京：中国电力出版社，1994

[7] 熊宝辉. 模拟集成电路. 北京：水利电力出版社，1994

[8] 孙肖子，张企民. 模拟电子技术基础. 西安：西安电子科技大学出版社，2001

[9] 王贺明，王成安. 模拟电子技术. 基础篇. 大连：大连理工大学出版社，2003

[10] 王成安，刘瑞国. 模拟电子技术. 实训篇. 大连：大连理工大学出版社，2003

[11] 秦增煌. 电工学. 电子技术. 7 版. 北京：高等教育出版社，2009

[12] 吕国泰，白明友. 电子技术. 3 版. 北京：高等教育出版社，2008

[13] 沙占友. 新型单片开关电源的设计与应用. 北京：电子工业出版社，2001

[14] 张凤言. 电子电路基础. 北京：高等教育出版社，1999

[15] 秦宏. 电子技术简明教程. 北京：中国电力出版社，2010

[16] 华成英. 模拟电子技术基本教程. 北京：清华大学出版社，2006

[17] 杨素行. 模拟电子技术基础简明教程. 北京：高等教育出版社，2006